水体污染控制与治理科技重大专项"十三五"成果系列丛书

# 京津冀地区水环境管理体制改革和机制创新研究

璩爱玉　著

中国环境出版集团·北京

**图书在版编目（CIP）数据**

京津冀地区水环境管理体制改革和机制创新研究 / 璩爱玉著. -- 北京 : 中国环境出版集团, 2023.10
ISBN 978-7-5111-5668-6

Ⅰ. ①京… Ⅱ. ①璩… Ⅲ. ①水环境－环境管理－研究－华北地区 Ⅳ. ①X143

中国国家版本馆 CIP 数据核字(2023)第 211304 号

**出 版 人** 武德凯
**策划编辑** 葛 莉
**责任编辑** 范云平
**封面设计** 宋 瑞

**出版发行** 中国环境出版集团
（100062 北京市东城区广渠门内大街 16 号）
网 址：http：//www.cesp.com.cn
电子邮箱：bjgl@cesp.com.cn
联系电话：010-67112765（编辑管理部）
发行热线：010-67125803，010-67113405（传真）
**印 刷** 北京建宏印刷有限公司
**经 销** 各地新华书店
**版 次** 2023 年 10 月第 1 版
**印 次** 2023 年 10 月第 1 次印刷
**开 本** 787×1092 1/16
**印 张** 8.25
**字 数** 140 千字
**定 价** 56.00 元

# 前言

京津冀协同发展是党中央、国务院在新的历史条件下提出的重大国家战略部署，是探索生态文明建设的重大实践。京津冀地区是国家经济发展的重要引擎和参与国际竞争合作的先导区域，是我国北方经济中心，是国家生态环境保护的重点地区。虽然区域面积不足全国的2.3%，水资源仅占全国的0.74%，却承载着全国8%的人口和10%的经济总量，是我国资源环境超载矛盾较为严重、生态环境联防联治要求最为迫切的区域。多年来，尽管京津冀地区实施了大量水污染防治政策，管理规制日趋严格，但由于区域综合管理的复杂性和体制改革的艰巨性，区域综合管理体制机制尚未完全形成，现行水环境管理体制障碍和政策壁垒限制着政策效果的进一步发挥，不能有效地制约环境污染的行为主体，导致上下游水资源利用和分配矛盾、流域水生态系统退化、水环境恶化等问题突出。因此，迫切需要改革京津冀地区水环境管理体制，构建符合流域经济发展要求的水环境管理长效机制，支撑我国水环境管理模式的战略转型，促进流域经济社会可持续发展。

本书通过实地调研、专家咨询、问卷调查、文献研究等，梳理分析了京津冀地区水环境管理体制机制改革取得成效、存在的主要问题与需求，系统总结了国内外在跨区域水环境管理方面的主要方法体系和实践经验，并结合京津冀地区“十四五”时期生态环境管理体制改革和机制创新形势要求，提出了“十四五”时期京津冀水环境管理体制改革和机制创新总体思路、原则、目标、路线图和重点任务，构建了京津冀地区水环境管理经济政策体系和社会治理体系。全书共分为9章。

第1章 研究背景与意义。概括介绍了京津冀地区水环境管理体制改革和机制创新研究背景与意义，并从水环境管理体制机制改革、水污染防治、水资源价格、污水处理费、流域生态补偿和环境权益交易等方面，总结了国内在区域水环境管理方面的理论、方法、技术等研究成果和实践经验。

第2章 理论依据。系统梳理了京津冀地区水环境管理体制改革与机制创新的主要理论依据，包括可持续发展理论、新公共管理理论、生态学理论、资源经济学理论等。

第3章 国外流域区域管理实践。分析总结了美国、澳大利亚、日本、英国、法国等国家在流域区域管理方面的实践经验，包括推行流域一体化管理，强化部门间协作，加强流域管理立法，推进建立水务行业政府和社会资本合作（PPP）机制，建立完善公众参与机制等。

第4章 “十三五”时期京津冀水环境管理体制机制改革成果。系统总结了“十三五”期间京津冀在水环境管理体制机制改革方面取得的一系列成果，包括生态环境管理体制改革平稳推进，水污染防治法规标准体系更加完善，水污染联防联控联治机制更加健全，水环境保护市场机制成效初显等。

第5章 京津冀地区“十四五”时期水环境管理体制改革和机制创新形势要求。分析了京津冀地区“十四五”时期水环境管理的宏观形势与需求，提出了京津冀地区水环境管理存在的主要问题与挑战，包括经济结构布局与水资源环境承载能力矛盾依然突出，部分地区环境污染严重，“三水”统筹水环境管理体制还不健全，市场政策激励机制未真正发挥作用等。

第6章 “十四五”时期京津冀水环境管理体制改革与机制创新思路和任务。研究提出了“十四五”时期京津冀水环境管理体制改革与机制创新的指导思想、总体原则、总体目标、改革框架与路线，明确了“十四五”时期京津冀水环境管理体制改革与机制创新的重点任务，包括深化水环境管理体制改革，建立健全统一的法律法规标准体系，实行最严格的水环境管理制度，创新水环境管理经济政策体系，完善水环境管理综合决策机制等。

第7章 京津冀地区水环境管理经济政策与社会治理调查评估。采用调查问卷和实地走访相结合方式，调查评估了京津冀地区水环境管理经济政策与社会治理情况，范围覆盖了生态环境主管部门、高校、科研院所、企事业单位等不同职业、学历和收入的人群。

第8章 京津冀地区水环境管理经济政策体系构建。总结了京津冀地区水环境经济政策进展，分析了京津冀地区水环境经济政策实施中的问题，构建了京津冀地区水环境管理经济政策体系，包括建立水环境质量财政激励机制、京津冀地区水环境基金设计、创新环境投融资机制等。

第9章 京津冀地区水环境管理社会治理体系构建。总结了京津冀地区水环境社会治理进展，分析了京津冀地区水环境社会治理过程中的问题，构建了京津冀地区水环境管理社会治理体系，包括充分发挥政府主导作用，强化环境社会治理体系多主体互动多赢，深化公众参与水环境保护路径，加大环境法律法规政策和环境知识宣传，建立跨区域跨部门水环境社会治理工作协作机制等。

本研究在实施过程中，得到了生态环境部综合司、水生态环境司、天津市生态环境局、河北省生态环境厅等大力支持，在此表示感谢！感谢生态环境部环境规划院葛察忠研究员、董战峰研究员、郝春旭副研究员、李娜正高级工程师、周全高级工程师、彭忱助理研究员、赵元浩助理研究员、南开大学毛国柱教授、北京化工大学郄晗彤硕士研究生等对本书出版的重要贡献。特别感谢中国环境出版集团对出版工作的大力支持，高效的编辑工作为本书的顺利出版提供了保障。最后，请允许我向所有为本书出版做出贡献和提供帮助的所有人表示衷心的感谢！

希望本书的出版会对国内科研院所、高等院校从事水环境管理体制改革与机制创新理论研究的专家学者、有关政府部门管理人员，以及相关专业的学生提供参考。

由于编者水平有限，书中难免存在不足之处，欢迎批评指正，不胜感激！

璩爱玉

2021 年 12 月 22 日

# 目录

# 第 1 章　研究背景与意义

## 1.1　研究背景

京津冀地区地处水资源极为脆弱的海河流域，既是我国区域合作重点地区和北方经济中心，也是国家生态环境保护的重点地区。党的十八大以来，习近平总书记主持召开了三次京津冀协同发展的座谈会，这体现了党中央对京津冀地区发展的空前高度重视。京津冀协同发展是党中央、国务院在新的历史条件下提出的重大国家战略和重大决策部署，是探索生态文明建设的重大实践。京津冀协同发展，不仅要解决北京、天津、河北三地发展问题，还要为我国促进人口经济资源环境相协调、推动区域协调发展体制机制创新、探索世界级城市群发展道路指明方向。

京津冀地区面积不足全国的 2.3%，水资源仅占全国的 0.7%，却承载着全国 8%的人口和 10%的经济总量，已成为我国人与自然关系最为紧张、资源环境超载最为严重、生态环境联防联治要求最为迫切的区域。近年来，京津冀地区高度重视水环境保护工作，不断推进生态建设和污染治理，取得积极成效。然而，京津冀地区仍是我国缺水最严重的地区，面临水资源整体短缺、水质恶化等挑战。一方面，京津冀地区属于“资源型”严重缺水地区，2020 年，北京市水资源总量为 25.8 亿 $m^3$，人均水资源占有量为 117.8 $m^3$；天津市水资源总量为 13.3 亿 $m^3$，人均水资源占有量仅为 96.0 $m^3$；河北省虽是京津冀地区的最大水源地，但人均水资源仅为 196.2 $m^3$，占有量远低于国际公认的人均水资源 500 $m^3$ 的极度缺水标准。水资源自然禀赋不足以及近几十年来经济社会快速发展，致使该区域多年来一直超采浅层地下水和深层地下水，地下水应急储备功能受损严重，生态环境用水欠账积重难返，年均生态用水赤字近 90 亿 $m^3$。地下水动态月报数据显示，2012 年 7 月初，北京大部分平原区地下水埋深 12～50 m，天津大部分平原区地下水埋深 1～8 m，河北保定、石家庄地区地下水埋深一般为 12～50 m，局部超过 50 m。华北地下水超采达 1 200 亿 $m^3$，已形成世界最大的地下水降落漏斗区。另一方面，这一地区存在局部地区水环境质量差、河流断流、湿地萎缩、近海水域污染严重等问题。全年存在断流现象的河流比例约为 70%，区域地表和地下水源都受到不同程度的污染，被污染河流已超过 70%，绝大部分为严重污染，大中型水库也日渐受到污染威胁，各大流域水生动物数量明显减少，华北平原浅层地下水综合质量整体较差，可以直接饮用的 I 类地下水仅占 22.2%，需经专门处理后才可利用的Ⅱ类地下水则占 56.55%以上。

尽管多年来京津冀地区实施了许多水污染防治政策，管理规制日趋严格，但由于区域综合管理的复杂性和体制改革的艰巨性，区域综合管理体制机制尚未完全形成，现行水环境管理体制障碍和政策壁垒限制着政策效果的进一步发挥，不能有效地制约环境污染的行为主体，导致上下游水资源利用和分配矛盾、流域水生态系统退化、水环境恶化等问题突出。因此，迫切需要改革京津冀地区水环境管理体制，构建符合流域经济发展要求的水环境管理长效机制，支撑我国水环境管理模式的战略转型，促进流域社会经济可持续发展。

## 1.2 研究意义

开展京津冀地区水环境管理体制改革和机制创新研究意义重大。

一是贯彻落实习近平总书记在京津冀协同发展座谈会上重要讲话精神的必然要求。党的十八大以来，习近平总书记亲自谋划、亲自部署、亲自推动实施京津冀协同发展战略。2014 年 2 月，习近平总书记在北京主持召开座谈会，专题听取京津冀协同发展汇报，强调要着力扩大环境容量生态空间，加强生态环境保护合作，在已经启动大气污染防治协作机制的基础上，完善防护林建设、水资源保护、水环境治理、清洁能源使用等领域合作机制。

2019 年 1 月，习近平总书记主持召开京津冀协同发展的第二次座谈会并发表重要讲话，强调要从全局的高度和更长远的考虑来认识和做好京津冀协同发展工作，增强协同发展的自觉性、主动性、创造性，保持历史耐心和战略定力，稳扎稳打，勇于担当，敢于创新，善作善成，下更大气力推动京津冀协同发展取得新的更大进展。2023 年 5 月，习近平总书记第三次主持召开深入推进京津冀协同发展座谈会，强调以更加奋发有为的精神状态推进各项工作，推动京津冀协同发展不断迈上新台阶，努力使京津冀成为中国式现代化建设的先行区、示范区，再次为三地协同发展指明方向。

二是落实中央全面深化改革重大战略部署的迫切需要。中共十九届三中全会提出，转变政府职能，优化政府机构设置和职能配置，改革自然资源和生态环境管理体制。《生态文明体制改革总体方案》中明确提出，在部分地区开展环境保护管理体制创新试点，构建各流域内相关省级涉水部门参加、多形式的流域水环境保护协作机制和风险预警防控体系，将分散在各部门的环境保护职责调整到一个部门。《水污染防治行动计划》（以下简称"水十条"）明确提出，强化源头控制，水陆统筹，河海兼顾，对江河湖海实施分流域、分区域、分阶段科学治理，形成"政府统领、企业施治、市场驱动、公众参与"的水污染防治新机制。《关于全面推行河长制的意见》和《按流域设置环境监管和行政执法机构试点方案》，对水环境管理提出了体制改革和机制创新的要求。《中共中央 国务院关于深入打好污染防治攻坚战的意见》提出，强化京津冀协同发展生态环境联建联防联治。《中共中央 国务院关于全面推进美丽中国建设的意见》明确要求，完善京津冀地区生态环境协同保护机制，充分发挥生态环境部门职能作用，强化对生态和环境的统筹协调和监督管理；深化省以下生态环境机构监测监察执法垂直管理制度改革。

三是解决京津冀地区水环境问题的重要基础。2014 年以来，京津签署了《关于进一步加强环境保护合作框架协议》，津冀签署了《加强生态环境建设合作框架协议》，京津冀共同签订了《京津冀区域环境保护率先突破合作框架协议》《水污染突发事件联防联控机制合作协议》，联合制定出台"京津冀环境执法联动工作机制"等一系列规划协议，水环境管理体制改革已成为京津冀地区生态环境协同发展中的重要内容。2016 年 2 月，《"十三五"时期京津冀国民经济和社会发展规划》印发实施，这是全国第一个跨省（市）的区域“十三五”规划。2022年6月，京津冀三地签署了《“十四五”时期京津冀生态环境联建联防联治合作框架协议》，进一步拓宽协同领域、延伸协同深度，齐心协力推动区域生态环境质量持续改善。遵循国家重大战略要求，深化京津冀地区水环境综合管理体制改革，创新流域和行政区域相结合的京津冀地区水环境管理机制，为完善京津冀地区水生态环境一体化管理体系提供支撑，这对京津冀地区生态环境协同保护具有重要意义。

## 1.3 国内研究现状

### 1.3.1 水环境管理体制机制改革方面

党的十九大报告提出，要建设人与自然和谐共生的社会主义现代化国家，必须加快生态文明体制建设，建设美丽中国。党的二十大报告提出，站在人与自然和谐共生的高度谋划发展，推进美丽中国建设，坚持山水林田湖草沙一体化保护和系统治理。而加快生态文明体制建设，最重要的一点就是要促进我国环境管理体制的改革[1]。只有改革和完善当前环境管理体制中不适应时代发展的内容，才能取得生态环境建设的成功，促进我国生态文明建设的发展。随着我国社会经济的不断发展，水资源过度开发、水资源浪费、水体污染、用水冲突等问题逐渐暴露出来，而水环境管理是解决这些问题的关键。当前，仍然存在水环境保护管理体制不健全、缺乏有效协调等问题。如果管理问题解决不当，水环境问题甚至会成为影响经济社会发展的瓶颈[2]。

水环境管理体制问题一直是我国环境管理体制改革中的重要组成部分，合理有效的水环境管理体制直接关系到水环境的健康、安全与稳定，国内也有诸多学者对水环境管理体制问题做了有益的探索。龙小康[3]对武汉城市水环境治理机制进行了系统研究，发现武汉市逐年加大对水环境治理和保护的力度，先后制定了《武汉市湖泊保护条例》《武汉市城市排水条例》等地方性涉水法规，同时系统编制了武汉市水资源综合规划、武汉市水土保护规划等重要规划，建立“统一规划、分工负责”的水资源管理体制，使水生态环境的保护和治理工作得以快速有序地推进。陈永清[4]研究发现，目前，水环境管理体制逐渐暴露出一些弊端，如水资源开发利用与保护职责没有分开、一些部门间职责交叉严重及管理效率低下等，并提出建立符合我国国情的条块结合（区域管理与流域管理相结合）的水环境管理新体制。韩秋萍等[5]针对我国水环境保护机制中的矛盾、水环境功能区划缺乏可操作性等问题，提出了相应的改革措施：设立专门的水体管理或咨询机构，实行水资源和水环境的综合管理；完善流域管理法律法规。彭海君等[6]以东江源区为研究对象，针对东江源区水环境管理机制进行了探讨，研究建立创新、长效和稳定的水环境管理新机制，如探索建立生态补偿机制、健全水环境管理机构、完善水环境监测体系等，最大限度地保护东江源区的水环境。吴文华等[7]对我国城市郊区面临的严峻水资源和水污染形势进行了分析，认为对城郊现行的水环境管理体制和运行机制进行改革是解决水环境问题的根本出路，并提出实行城市郊区水环境集成管理、加强城市郊区水环境管理制度建设、充分发挥市场机制作用、建立和完善参与和监督机制等城市郊区水环境管理改革的对策。左荣梅等[8]针对苏北沿海水环境保护问题，提出了水资源管理体制改革的具体措施，如实行水量水质统一管理，以水资源优化配置为目标，加强水资源统一管理及水资源的立法和执法，修订水资源规划，发挥水利部门水量水质监测、统一管理的优势等。蔡秀锦[9]就中国跨区域水环境保护行政管理体制中存在的问题进行了探析，发现相关部门的职责权限划定不清、中央部门对地方政府监督制约力度不够、跨区域环境问题难以协调等问题，并提出在业务管理和协调、人事管理和经费管理三个方面进行体制改革。仲巍巍[10]从污水治理从业者视角，研究了城市污水处理管理体制、法律规范、治污资金收缴等问题，认为要想彻底改变当前城市污水处理恶化的状况，必须综合设计管理体制，理顺城市污水处理监管部门职责；制定环境经济政策，促使污染源头主动治污；制定更为严厉的地方城市污水处理管理法规；依据排污费制度，严抓收支两条线，加大污水治理建设。孟婷婷等[11]详细分析了巢湖流域管理体制存在的问题，借鉴国内外流域管理的成功经验，从法律保障、行政制度、管理机构改革、部门协调联动、信息共享、流域综合规划、资金保障以及公众参与八个方面提出了管理体制改革建议。李文杰[12]针对中国部分农村地区水环境状况趋向恶化、水质变差等问题，借鉴澳大利亚经验，并结合本土实际情况，提供了加快农村水环境管理法律体系建设、健全政府与企业间的利益协调机制、完善农村水环境管理体制机制运行模式等农村水环境管理体制机制的创新思路。余璐[13]针对水环境和水资源的综合管理问题展开了探讨，提出从立法、创建生态补偿机制、健全公众参与制度等多方面，进行水环境与水资源流域综合管理体制的构建。杨志云等[14]针对流域水环境保护执法体制改革和管理变革提出了相关建议，如整合涉水部门执法职责，建立流域统一监管和综合执法机构；构建流域跨地区、跨部门的多样性联合执法协作机制；通过政府购买服务等方式鼓励社会力量参与流域水环境保护日常监督和执法等。高复阳等[15]分析了长江水生态环境管理基本现状及问题，并在此基础上分析了长江经济带水生态环境形势，提出了建立健全长江水生态环境保护“五统一”机制、推行落实河长制管理机制、完善水生态环境保护部门协调机制、建立长江流域水环境与水资源的综合管理体制、构建责权明晰的水生态环境保护治理体系、创新运用市场化经济管理手段等水环境机制改革建议。邱彦昭等[16]对北京河湖水环境管理体制进行了探讨，指出了忽视长期规划、忽视流域污染控制等方面的管理问题，提出坚持统筹治理、量水发展、制定水质反退化政策、重视恢复河流自净能力和加强公众参与五个方面的建议。张茜等[17]通过研究，发现流域水环境管理存在职能部门间职责交叉、权责不一、缺乏协调等问题，通过分析，提出近期通过界定部门职责等结构性机制和以目标为导向的程序性机制相结合，远期通过构建流域大部制，解决部门协调问题的建议。璩爱玉等[18]认为，京津冀地区水资源环境承载与经济结构布局矛盾依然突出，还需进一步深化京津冀地区水环境管理体制改革，完善生态环境保护监察执法制度，健全水污染联防联控联治机制，推动建立统一的法规标准体系，健全水环境管理市场激励机制，完善水环境保护责任制度。

### 1.3.2 水污染防治方面

我国是一个水资源短缺的国家，水资源问题已成为当前制约经济社会可持续发展的重要瓶颈。随着我国经济社会不断发展，对水资源的开发利用程度越来越高，水资源供求矛盾愈加严重。与此同时，工业、农业生产、人类活动等途径进入水体中的各类污染物总量在增加，不可避免地加大了水污染防治的压力，给可持续发展和人们美好生活带来严峻挑战。我国水污染主要来源于工业废水、农业灌溉排水、生活污水等，据统计，从20世纪90年代起，我国生活污水排放量已经超过了工业废水排放量。因此，对于水污染必须引起高度重视，了解水污染现状，加强对水污染的治理，促进水环境质量持续改善，建设资源节约型、环境友好型社会，实现水资源可持续开发利用。

水污染防治是一个较为复杂的系统工程，涉及国家政策、管理技术、市场调节、全民配合等方面。为了解决水污染问题，各国都加强了水污染防治的研究工作。我国学者开展了大量的水污染防治理论、技术方法、政策等方面研究，积累了丰富的经验。王啸宇等[19]对中国的水污染现状进行了调研，从严格控制点源污染并实行排污总量控制，加强农村面源污染的宏观调控，加大对水污染治理的投资，健全水管理系统的法律法规、水环境质量规划，大力推行清洁生产五个方面对水污染防治进行了阐述。田曦[20]系统研究了松原市污水排放现状，分析了水污染产生的原因，并提出严格执行环境影响评价制度和“三同时”制度，控制新的污染产生，对新建项目严格把关，对不设排污指标者，一定不予审批，同时加快城市污水处理厂和垃圾处理场基础设施建设，尽早解决生活污水和生活垃圾污染问题。傅健宇[21]针对我国城市地下水污染现状，分析了城市地下水污染危害，本着预防为主的理念，进行统筹规划，修复和治理污染的地下水，借鉴国外物理处理法、抽出处理法、原位处理法以及稳定和固化等技术，治理城市地下水污染。刘一源[22]对城市水污染进行了现状分析，认为城市水污染主因是人为污染，提出从调整经济措施及产业结构、完善监督管理体制及相应的法律法规、改进城市污水处理模式及工艺、深入开展教育等多方面对城市水污染进行治理。傅翊等[23]为正确评价南京市地下水的污染情况，采用内梅罗综合评价指数法，利用南京市15个水井的水质监测资料，统计分析了南京地区近5年的地下水水质现状和变化趋势。分析结果表明，南京市近5年的地下水水质总体上呈下降趋势。同时，他提出了控制污染源排放、加强与地下水有联系的地表水保护、合理开发利用地下水资源、面源污染控制等防范治理措施。其中，面源污染控制措施大体包括三个方面：①源头控制；②以自然湿地控制；③末端治理。李瑾[24]分析了中国地下水污染源，明确指出了中国现今地下水污染防治工作中普遍存在的缺陷，针对这些问题，提出要建立健全治理地下水污染方面的管理规范，并总结了常见的地下水修复技术，有全过程修复技术、水污染物理修复技术、污水化学修复技术等。何丽芳[25]对我国工业园区水污染的发展现状进行介绍，对存在的问题进行分析，提出了解决问题的具体举措，如规范工业园区的污水处理系统，根据污水特点进行分类处理，根据生产企业建立不同排污标准，建立完善的责任制度和管理制度，研发新型水资源，缓解工业用水压力等。闵宗谱等[26]介绍了我国农村污水的主要来源、特点及处理现状，分析了国内外常见的农村污水处理工艺的技术特点和应用状况，如人工湿地处理技术、稳定塘处理技术、污水土地处理系统、厌氧发酵技术等，以提高污水处理的出水水质和实现农村污水处理。吴晓红[27]调研了现阶段农村水污染现状，分析了成因，建议因地选择适宜的污水处理技术，如在水资源丰富的南方，可以利用生物稳定塘技术对生活污水进行处理，而北方的广大农村，由于村镇居民分布相对集中，可以利用沼气技术对生活污水进行处理。另外，农村乡镇企业比较集中，就必须建立正规的污水处理厂，采用生物法处理污泥或化学法对污水进行处理。樊爱萍等[28]通过对南海湿地进出水和核心区进行布点采样，检测了样品有机污染物，同时采用内梅罗污染指数法和综合营养状态指数法对湿地水质进行评价。结果表明，南海湿地水体达到污染级别。水污染的主因是该地区人为污染大，南海湿地补水来源受污染严重，对水质净化具有一定作用的水生植物，如果不被收割利用，将对水质造成二次污染。提出禁止周边未达标污（废）水进入湿地、增加水生植物的密度、加强实时监测，定期取样检测等防治措施。仝军生[29]系统分析了河流的污染现状、湖泊和水库的污染现状和地下水污染现状，分析了污染的原因，结合当前我国国情提出了加强水体自净能力、加强水污染防治法的实施力度、加强对污染源的控制、提高水资源的利用率等相关的防治策略。许伊蕾等[30]依据渭河干流西安段的水质监测资料，选用多个监测断面，利用单因子污染指数法对渭河干流西安段的水质污染现状进行了分析评价，并对水质的时空变化趋势进行分析，提出了保障生态用水、合理运用宏观政策调控、加强监测预报预警研究等相应防治对策。齐奋春等[31]在分析当前水污染及水环境管理现状的基础上，从水污染治理和预防两个方面就进一步做好水环境管理提出具体对策，如做好污染源普查，从源头控制污水增量，加强城市、村镇污水管网建设，杜绝雨污同排，同时加大污水处理投入，全面加强污水排放监控等。张丹等[32]根据舒兰市细鳞河水系的环境现状及未来发展趋势，明确指出细鳞河流域入河污染物相对超标、农业面源污染难以整治、畜禽养殖污染形势不容乐观等环境问题，提出加强污水集中处理设施管控、加强面源污染控制、全面推行河长制管理、构建流域污染治理驱动机制等措施，以防治水污染。陈广华等[33]针对我国水污染防治多方合作治理模式尚未形成、责任设定过重导致侵权人利益失衡、环境问题突出、未彰显生态平衡的立法理念等问题，提出水污染防治法律体系下的水中和治理模式，即企业、组织或个人在一段时间内通过废水循环利用、节水减排等方式，抵消自身造成的水污染，从而实现“污水净零排放”，达到污水排放的“收支相抵”。

### 1.3.3　水资源价格方面

水资源是人类生存和经济社会发展不可或缺的一种基础性资源，保障水资源可持续利用是支撑经济社会发展的关键，而建立合理的水资源价格体系又是水资源可持续利用的基础。水资源不同于其他资源，如矿产、木材、石油，存在国际价格。水资源价格的区域性较强，没有统一水价。目前，我国水价形成机制还不够完善，且普遍存在政策性低价现象，不能反映我国水资源紧缺状况。

水资源价格研究是建立在资源经济学研究背景下的，它是自然资源价值研究的一个重要组成部分，其涉及的领域较广。国内外学者在水资源定价、水权转让、水资源价值和价格内涵理论研究等领域进行了大量研究，对于完善水资源价格理论体系及水价定价实践十分有益。周红霞等[34]根据黄河流域经济的可持续健康发展要求，认为竞争性水价是通过市场竞争形成的，能够提高水资源的利用效率，优化水资源配置，缓解水资源短缺的压力，且实行竞争性水价是以需求为核心的全新管理模式，更能适应市场经济大环境的要求。刘芳芳等[35]为了评估张掖市水资源价格，对张掖市水资源数量、水价制度及经济状况进行了实地调查，通过建立张掖市水资源价值模糊评价模型，采用升（降）半梯形函数确定了模糊评价的一元线性隶属关系，选取多个评价指标评价张掖市的水资源价值。经分析，每人每年需支出水费占人均居民可支配收入的比例远低于模型中的控制指数，建议政府相关部门加快水价制度改革，重新制定水费收取标准，从而实现水资源的优化配置。盖翊中[36]在广东最严格水资源管理制度“三条红线”（对用水总量、用水效益、纳污总量实行严格控制）的大背景下，深入分析了当前广东省水资源价格存在的问题，如水资源费标准偏低、阶梯式水价改革尚待深化、现行的污水处理价格政策仍然难以落实等，提出建立合理科学的水价体系、完善水资源管理制度、加强水资源行业企业的成本约束、鼓励民营资本的进入等水资源价格改革的新思路。张春玲等[37]分析了可持续发展水价理论的内涵及主要组成，重点分析了水资源费标准确定的理论基础——资源成本及其构成，从天然水资源价格、水资源前期投入与宏观管理费用分析入手，分析了水资源费标准确定的方法，并以北京市为例，计算了供水资源成本，初步确定了不同水源、不同用水户水资源费标准，为我国水资源成本的计算与水资源费标准的确定提供了一种有效方法。钟帅[38]立足于农业经济，运用 CGE 模型在水资源供需变动的模拟情景中对不同的水资源定价机制进行评估，为解决当前的水资源配置问题、推进水资源定价机制改革提供了政策依据。孙建秦[39]通过对陕西省石头河灌区水资源价格管理体制运行的现状分析，指出该地区缺乏灵活的水资源价格调整机制，使灌区水资源价格处于无价或低价状态，水资源价格调整困难，并提出通过建立合理定价机制、理顺体制、规范管理和进一步完善水费计收办法等措施，促进水资源价格管理体制改革，促进灌区的良性运行与发展。简富缋等[40]针对水资源本身的模糊性和不确定性，基于模糊数学综合评价模型，结合 AHP 法和熵权法确定指标权重，对张掖市 2010—2014 年的水资源价格进行动态评价。研究表明，采用水资源价值模糊综合指数对水资源价值进行测算评价，结果更客观合理，为下一步编制水资产负债表中水资产与负债价值核算提供数据支持。段玉珍[41]以合肥市水资源价格及其政策为研究对象，以全成本定价模型测算出合肥市的全成本水价 4.67 元/$m^3$，而现有合肥市城市水价为 3 元/$m^3$，难以反映水资源的耗竭成本和稀缺现状，同时段玉珍探讨了合肥市现行城市水资源价格和政策存在的问题，提出了基于用水量的差别水资源费标准，探索建立水资源费征收标准动态调整机制。杨钰杰[42]从宏观经济的整体最优出发，利用市场经济基本原理，推导出关于工业、农业和生活用水部门的水资源需求函数和相应的水资源供给和价格的运动方程，利用系统控制论和 SIMULINK 仿真原理建立了基于水资源价格形成机制的动态优化模型，找出既能保证宏观经济健康运行，又能调节水资源供需，进而达到节水目的的动态水资源最优价格路径。鹿翠等[43]改进了灰色马尔科夫预测模型，并利用兰州市 2003—2016 年的水资源价格数据进行检验，发现与传统 GM（1，1）模型的预测结果相比，灰色马尔科夫模型的拟合精度更好，误差更小，更简便实用。此项研究为形成西部水资源价格机制、建立有序的水市场提供了科学的理论依据，同时，为水价新政的出台和水价的制定提供一定的指导。贾亦真等[44]使用改进的模糊综合评价模型对兰州市水资源进行价值评价，并利用水费承受法确定兰州市的居民用水价格，研究发现，居民实际用水价格远低于水资源的真实价值，城市水价有较大提升空间，政府相关部门应加快水价制度改革，以实现水资源的优化配置。孙芳[45]根据我国水资源严重短缺的问题，指出水资源费用的测算方法比较粗放、单一，提出以水资源价格上限理论为基础的一种新的水资源定价方法，并对该模型在三原县水资源定价中的应用成果进行验证。以该方法得到的三原县理论水资源价格与实际水资源价格相近，在水资源定价工作中具有指导意义。董战峰等[46]提出，长江流域存在价格机制功能弱化、环境税费政策调节不到位、流域水环境资源权益市场尚未建立等问题，建议充分创新，运用价格工具促进高质量发展，强化税费政策机制的长效调节功能，完善流域水环境资源权益交易机制，夯实水环境资源价格政策保障。佟金萍等[47]以长江经济带各省（市）为研究样本，构建水资源价格扭曲的测算框架，考察不同产业的水资源价格扭曲程度、空间分布及效率损失，且根据研究结果给出相应的对策建议，如减少地方政府对水资源配置具有明显目的性的行为干预、根据实际情况完善水资源价格等。杨凯丽[48]选取了水资源量、水质以及社会经济三个方面的 12 个指标，构建了山西省 2013—2019 年水资源价格核算体系，并基于层次分析法确定各指标权重，进而利用模糊数学模型对山西省水资源价格进行综合评价，揭示了山西省水资源价值被严重低估，实际水资源价格仍有提升空间。胡鑫[49]分析了我国水资源价格的现状和问题，详细阐述了利用水资源价格保护水资源的措施，如明确水资源价格的地位、建立水资源核算体系、利用水资源配置协调经济发展等。

### 1.3.4 污水处理费方面

污水处理费是我国控制水污染排放、解决水资源短缺的重要手段之一。作为一项经济政策，污水处理费是政府集中资金，加大污水治理力度，促进污水减排，推动污水处理产业发展的重要经济杠杆。污水处理费的确定，不仅关系到污水处理产业能否健康发展，而且关系到广大居民的切身利益。随着我国污水处理政策制度的不断出台，相应的污水处理收费机制也在不断完善。

目前，国内外学者对污水处理费的研究主要集中在定价方法、存在问题、经济社会影响等方面。钟小强[50]通过对广东省污水处理费改革的成效、存在的问题及其成因进行剖析，提出了创新定价机制，基于污水处理费的“行政事业性”或“公用事业性”进行分类定价的路径和污水处理厂污泥处置价格管理的思路，测算和论证了广东省将污水完全处理后的收费总体调价目标，助力稳妥推进下一步污水处理费改革。江野军[51]针对江西城市污水处理收费管理机制，阐述了与成本相比污水处理费相对偏低、城市污水处理费存在“一刀切”现象、城市污水处理费的实收率较低等问题，并提出夯实污水处理费改革群众基础、采取措施降低污水处理的成本、加大对污水处理费的征收力度、健全污水处理费的形成机制等措施。张久祥等[52]系统分析了河北污水处理收费改革历程，梳理了河北污水处理收费演变过程，提出了上调标准、探索阶梯价格机制、信用评价、拒缴处罚及分布调整五个方面建议，以满足污水处理设施建设和运营的需要。张勇等[53]构建了系统动力学（SD）和多目标规划（MOP）耦合模型（SD-MOP），研究特许期内污水处理价格的动态调整机制，并以某市 PPP 模式下的排水企业为例，运用所构建的方法分析其服务价格、居民实际支付价格合适的调整时机以及调整幅度，建立了一套科学合理的方法，为管理者和研究人员对 PPP 项目的主动管理提供理论依据和参考。

李晚心等[54]从建立城市污水处理费差别化征收政策的角度出发，通过对污水处理费征收现状、存在问题的梳理，提出结合实际科学制订差别化价格方案、建立差别化征收政策体系、建立污水处理费动态调整机制等建议，以期解决目前征收标准“一刀切”、污水处理费无法完全弥补污水处理成本等问题。刘康等[55]基于污染者付费原则，对中国污水处理费政策存在的问题进行了分析，剖析了污水处理过程中存在的种种问题，如污染者付费原则和水环境质量概念界限不明确，污水处理费占人均可支配收入、工业成本的比重偏低，污水处理费相关政策不统一且收费标准模糊等问题。根据研究结论，提出了明确污染者付费原则、明确费（或税）率标准、出台污水处理费征收相关规范的对策建议。赵亚龙[56]从理论分析、实证研究两个方面对我国污水治理成本与实际费用征收进行了分析，提出了根据不同地区、不同行业、不同征收对象设定不同的排污标准，坚持污染者付费原则不动摇，加强环境监管和信息统计工作等相关建议。熊华平等[57]运用成本定价方法，对湖北农村地区生活污水处理费定价机制进行研究，表明湖北省大部分农村地区生活污水处理项目处于成本递增阶段，有必要按照“污染者付费”原则征收生活污水处理费，同时农村生活污水处理费定价偏低，应尽快建立和完善农村地区生活污水处理费形成机制。此外，提出完善生活污水处理成本分摊机制、健全生活污水处理费调整机制、建立生活污水处理费市场化机制等政策建议。

### 1.3.5 流域生态补偿方面

流域生态补偿是调动水生态产品供给地区和受益地区“共抓大保护”积极性的重要抓手，是生态文明制度建设的重要组成。构建较为完善的流域生态补偿机制可以平衡各方面的利益，分配相应利益主体间的流域生态资源和利益，还有助于促进流域生态资源的绿色发展，并且在改善流域水环境质量方面起到推动作用，从而促进流域经济社会与生态环境全面协调可持续发展，推进我国生态文明建设。

当前，我国跨省和省内流域生态补偿机制建设稳步推进，并且取得了一定的成效。但在生态补偿过程中也有明显的不足，如法治体系有待强化、主体与客体界限不清、补偿标准不科学、补偿模式比较单一、管理机制不够完善等，应加强流域生态补偿理论基础研究，不断完善技术支撑体系，更好地支撑流域生态补偿机制建设，促进流域水生态环境持续改善和经济社会高质量发展。

我国从20世纪80年代开始研究生态补偿问题，最初是理论探讨，逐渐发展到具体的实施机制研究。近年来，各级政府充分认识到生态补偿的重要性，特别是流域生态补偿已逐步成为主要研究方向。郑文等[58]通过分析我国现行流域生态补偿实践与问题，提出了明确流域生态补偿的主体和客体、建立统一协调的流域管理机制、确定合理的补偿标准、加大治理投入、拓展补偿形式、完善并强化相关领域立法等诸多建议。李靖[59]以新安江流域为研究对象，在总结了国内外流域生态补偿标准已有成果的基础上，结合新安江流域实际情况及相关数据获取情况，从流域水环境保护投入、水生态系统服务价值、流域水质改善三个角度，对合理建立新安江流域补偿标准开展了实证研究，对推进新安江流域生态补偿机制具有一定的指导意义。耿翔燕等[60]采用综合水质标识指数（WQI）对流域水质进行评价，通过与协议水质指标的比较判断各区域的补受偿方向，并以全国76家典型污水处理厂的直接处理成本数据为样本，构建了基于重置成本的差异化生态补偿标准模型。然后，以小清河流域为例，对各区域的补偿金额进行测算，其结果反映了小清河流域水质的真实状况，体现了补偿标准的差异性，为流域生态补偿标准的计量提供了新的思路。郑业伟[61]提出了基于数据包络分析（DEA）来研究生态补偿标准的方案，并以辽河流域为例，通过分析内蒙古、吉林、辽宁三省（区）流域生态保护投入和流域生态系统服务价值，给出了基于DEA合作博弈模型的生态补偿分摊方案。刘洋等[62]阐述了国内外生态补偿内涵和理论依据，对流域生态补偿标准的计算方法进行归类分析，补偿标准计算多基于成本费用法，同时建议根据多情景、结合微观个体行为分析，实行动态优化补偿标准。赵珂慧[63]对我国流域生态补偿机制构建及实践现状进行了详细调研，归纳总结了我国目前流域生态补偿机制中仍存在的一些问题，如补偿主客体界限不清，补偿的模式不够科学，补偿标准不够恰当，管理体制不够完善等，并提出了完善流域生态补偿相关法律、清晰界定补偿的主客体、构建市场化补偿机制等对策。杨莹[64]系统研究了国内外流域生态补偿机制、标准和补偿模式，采用 DEA 绩效分析方法，运用生态足迹法构建流域生态补偿模型，通过计算松花江流域水资源的承载力和消费量，确定超载指数和补偿系数，以量化流域各省（区）生态补偿的标准，进而计算出松花江流域三省（区）应当支付或享有的补偿额。徐倩[65]概述了国内外有关流域生态补偿研究成果，通过对闽江流域生态环境产权的明确界定，结合流域上下游的经济发展情况、人口数量等实际因素，分别计算出生态保护投入补偿与污染赔偿情况下的流域生态补偿标准，并综合考量流域水资源的水质情况和流域上下游之间的水量分摊情况，计算闽江流域不同生态产权情况下的流域生态补偿额度。严有龙等[66]系统整理了国内外流域生态补偿理论研究和实践运用进展，提出了流域生态补偿的优先研究方向，如加强流域生态补偿理论研究，加快流域生态补偿制度研究，扩大流域保护试点实践，增强流域生态补偿监管及补偿成效评估等。王西琴等[67]认为，生态补偿分担比例是流域生态补偿实践中面临的重要问题，提出试行阶段、修复阶段、稳定阶段三阶段分担比例确定的思路，通过对九洲江流域鹤地水库生态补偿的实证研究，为九洲江流域生态补偿分担比例的确定提供参考，并可为建立流域生态补偿长效机制提供依据。华庆莉等[68]以流域范围内的行政区为研究对象，将水足迹法、生态系统服务价值法引入流域生态补偿主客体识别领域，对比并分析了流域地理位置识别法、水足迹法、生态系统服务价值法在识别流域生态补偿主客体方面的优缺点与使用范围，在此基础上，提出流域生态补偿主客体识别方法选择与应用的相关建议。王雨蓉等[69]运用以 IAD 框架应用规则为基础理论的系统评价法，对国外流域生态补偿案例的文献进行回顾，总结归纳一组成功的流域生态补偿制度所具备的特定规则，为我国建立可复制、可推广的流域生态补偿制度提供借鉴与启示。陈方舟等[70]通过对生态补偿的理论框架、实践过程与效益的研究，分析了生态补偿的运转机理及存在的问题，表明基于共享共建理论的流域生态补偿机制是科学可行的，但现阶段也暴露出水质保优难、资金链短缺等问题，需探索多元化补偿机制，促进模式转变。谢婧等[71]经系统分析认为，我国流域生态补偿的顶层设计制度框架不断完善，但仍然存在流域生态补偿机制尚未实现流域全覆盖、政策目标较为局限、补偿标准合理性不足等问题。同时建议，从实现流域生态补偿机制全覆盖、因地制宜设置流域生态补偿综合政策目标、尽快研究制定流域生态补偿核算技术标准、探索建立综合性流域管理机构、鼓励创新探索多元化补偿方式五个方面，推动建立稳定长效的全流域生态补偿机制。马毅军等[72]概述了流域生态补偿的相关研究，对比分析了国内外流域生态补偿模式、补偿标准等相关研究，提出促进流域生态补偿相关研究发展的建议与展望。周子航等[73]概括了现阶段流域生态补偿的模式与问题，集中讨论了流域生态补偿实现的价值逻辑、产权基础与标准厘定，并将现行流域生态补偿归纳为对赌补偿、税收补偿、分压补偿和专项补偿四类。冯颖璇等[74]系统归纳了基于价值理论、市场理论和半市场理论的生态补偿标准核算方法及适用范围，综合分析了各类方法的优缺点，并根据现有生态补偿标准存在的问题提出了生态补偿标准计算未来的发展趋势，以便得到更加系统、合理的生态补偿核算方法。胡鑫[75]提出了基于污染物削减的核心流域生态补偿定量动态计算方法，评价了核心流域内环境污染造成的损失和植被破坏造成的损失，结合生态系统的水源涵养量计算，对核心流域生态补偿进行了定量动态计算，为核心区域生态补偿分析提供依据。熊凯等[76]运用双重差分法对江西省主要流域生态补偿政策的实施效果进行了分析，得出需继续实施流域生态补偿政策、环境保护和经济发展并重、加大居民生态保护宣传力度、加大对流域环境监督控制力度等结论。李欣蔚[77]基于水足迹视角，对 2010—2020 年长江经济带流域整体及各个区域生态补偿主客体及标准进行了系统研究，表明 2010—2020 年长江整体流域均为补偿客体应获得补偿，且各地区补偿标准额度表现出较大差异性，其中，长江中上游地区补偿标准要高于下游地区。

### 1.3.6 环境权益交易方面

环境权益交易是将环境资源转换为经济高质量发展的生产要素，通过交易将其使用价值转化为真实的市场价值，既实现了环境权益的价值变现，又引导其向低污染、低消耗和高附加值行业和企业流转，达到优化配置和价值增值的双重目的。《中共中央 国务院关于加快建设全国统一大市场的意见》提出，依托公共资源交易平台，建设全国统一的碳排放权、用水权交易市场，推进排污权、用能权市场化交易。《中共中央 国务院关于深入打好污染防治攻坚战的意见》明确提出，健全生态环境经济政策，加快推进排污权、用能权、碳排放权市场化交易。环境权益交易市场的建立，旨在为环境权益定价、为低碳发展融资，用市场机制解决环境问题。环境权益市场化交易在推动地区高质量发展，深化跨区域、跨流域环境治理等方面具有重要作用。

环境权益交易作为市场化的有效治污工具，引起了国内外的广泛关注。我国学者对此进行了探索性研究，取得了许多富有指导意义的成果。刘航等[78]就环境权益交易制度体系的构建展开了研究，从宏观层面和微观层面分析了现存的主要问题，并从加强环境权益交易制度的基础性研究、强化环境权益交易制度的体系化建设、加快环境权益交易制度的试点推进工作三个方面提出了建议。李雄华[79]对环境资源权益交易的市场机制进行了细致的分析，从确定环境资源权益的市场交易品种、制定环境资源权益的市场供应总量和基准价格、健全市场交易的法律制度及监管体系等方面提出了完善环境资源权益交易市场机制的基本措施。张璐等[80]以排污权交易为视角，借鉴各试点省成熟的经验，针对四川省环境权益交易现状及存在的不足，提出立法优先、强化组织领导、分层次实施、科学地确定环境权益相关指导价格、政府对二级市场进行宏观调控等多项调整意见。傅前明等[81]对中国环境权益交易市场展开了调研，认为我国环境权益交易市场已由萌芽阶段稳健迈向茁壮成长阶段，但还存在环境权益交易市场定位冲突、环境权益尚未融合成整体等问题。林仁德[82]解读了国内外环境权益交易的模式和发展经验，选取北京环境权益交易所为典型案例加以分析，并结合广西区域特点，提出广西建立和发展环境权益交易市场的对策建议，包括做好顶层设计，吸引金融机构参与，牵头东盟区域交易市场搭建，分阶段实行差异化监管，投入资源并做大二级市场等。胡晖等[83]以我国碳排放权交易政策为对象，研究环境权益交易对企业高质量生产的影响。运用渐进性双重差分法，并设置对照组，通过比较交易政策实施前后企业的高质量生产水平是否提升来检验碳排放权交易的作用，发现相对于非交易地区，碳排放权交易地区的企业高质量生产水平有了显著提升。

# 第 2 章　理论依据

## 2.1　可持续发展理论

### 2.1.1　可持续发展概念

可持续发展的概念最早在 1972 年联合国人类环境会议上提出。1987 年 2 月，在日本东京召开的世界环境与发展委员会（WECD）第八次会议上通过了《我们共同的未来》，此报告第一次阐述了可持续发展的概念，即“既满足当代人的需求又不危及后代人满足其需求的发展”，得到了国际社会的广泛共识。世界自然保护联盟、联合国环境规划署和世界自然基金会 1991 年合编的《保护地球——可持续性生存战略》（*Caring for the Earth：A Strategy for Sustainable Living*）一书中提出的可持续发展定义，即“在不超出维持生态系统承载能力的情况下，改善人类的生活质量”。世界银行在 1992 年度《世界发展报告》中称，可持续发展指的是建立在成本效益比较和审慎的经济分析基础上的发展政策和环境政策，加强环境保护，从而促进福利的增加和可持续水平的提高。1992 年，联合国环境与发展大会（UNCED）通过的《里约环境与发展宣言》中对可持续发展进一步阐述为“人类应享有以与自然和谐的方式过健康而富有意义的生活的权利，并公平地满足今世后代在发展和环境方面的需要。求取发展的权利必须实现”。

可持续发展不是单一的经济问题，而是与社会和生态问题三者互相影响的综合体[84]。在经济方面，可持续发展强调经济增长的必要性，不仅是重视经济数量上的增长，也是追求质量的改善和效益的提高。在社会方面，可持续发展则是以“人”为中心，以满足人的生存、享受、康乐和发展为中心，解决好物质文明和精神文明建设共同发展问题。在生态环境方面，可持续发展理论要求人类开发利用资源时，既能满足人类对物质、能量的需要，又能保证环境质量，给人类提供一个舒适的生活环境。可持续发展是指经济、社会、资源和环境保护协调发展，要求在严格控制人口、提高人口素质和保护环境、资源永续利用的前提下促进经济和社会的发展。既要达到发展经济的目的，又要保护好人类赖以生存的大气、淡水、海洋、土地和森林等自然资源和环境，既能满足当代人发展的需要，又不损害人类后代满足其自身需要和发展能力的发展方式。

### 2.1.2 可持续发展特征

可持续发展理论具有思维综合性、社会历史性和实践性。思维综合性方面，可持续发展问题涉及生态学、环境学、经济学、社会学和哲学等学科和领域，因而可持续发展理论建设需要自然科学、社会科学和人文科学的大综合，把人与自然界当作一个系统，动态平衡地发展。社会历史性方面，可持续发展是人类社会发展到一定阶段的产物，从研究的具体内容和形式来看，可持续发展在各历史时期有所不同；从可持续发展问题的解决方式来看，具有社会历史性。实践性方面，可持续发展理论研究的对象和内容来自社会实践，研究的成果也需要在实践中经受检验，需要不断丰富和完备，并且最终为实践服务。

### 2.1.3 可持续发展目标

20世纪以来，地球上发生了很多影响深远的变化。自然资源的过度开发与污染物的大量排放，导致全球性的资源短缺、环境污染、生态破坏，地球进入了“人类世”。20世纪80年代以前，尤其是发展中国家，为了保障人民的生活，不得不把经济发展建立在对自然资源的过度开发和消耗上，造成资源的过度消耗和环境污染。随着工业化和城市化的进程加快，环境污染和生态破坏问题越来越严重。这些问题的不断积累，加剧了人类与自然界的矛盾，对社会、经济的持续发展和人类自身的生存构成新的障碍。

可持续发展是着眼于未来的发展，不仅考虑社会问题，而且有经济的可持续能力和环境的承载能力与资源的永续利用问题，强调人类社会与生态环境及人与自然和谐共存前提下的延续。因此，可持续发展目标是使经济与社会发展形成良性循环，不仅满足人类的各种需要，人尽其才、物尽其用、地尽其利，而且要关注各种经济活动的生态合理性，保护生态资源，不对后代人的生存和发展构成威胁[85]。也就是说，可持续发展既要考虑当前发展的需要，又要考虑未来发展的需要，不以牺牲后代人的利益为代价来谋求满足当代人利益，使经济与社会发展步入良性循环，从而实现经济、社会与环境互相促进、协调发展。

## 2.2 新公共管理理论

### 2.2.1 新公共管理概念

20 世纪 70 年代末，西方发达资本主义国家相继实行“国家市场化”“企业型政府”“市场化政府”“政府新模式”“代理政府”“国家中空化”“重塑政府运动”等强化政府公共管理功能改革，目标是以解决政府和其他公共部门管理问题为核心，融合行政学、经济学、政策分析、工商管理等学科知识创立一个公共管理的新知识框架，以应对公共管理实践发展和政府改革的迫切需要[86,87]。1991 年，英国行政学者里斯托夫·胡德在《一种普适性的公共管理》一文中最早提出了新公共管理概念，将新公共管理的内涵及特征刻画为七个方面：①管理专业化；②以绩效考核的量化方式衡量公共服务水平；③以绩效考核进行资源分配，重视产出结果；④单位的分散化；⑤公共部门推行任期制和招标，强调内部竞争；⑥强调企业管理的风格；⑦节约资源。

新公共管理理论不仅是一种新的政府管理理论，也是新型的政府管理模式，其核心要义是努力发挥市场机制在公共服务领域中的作用，积极借鉴私营管理的技术和方法，不断提升政府的管理能力和公共服务能力。新公共管理理论主要包括四个方面核心内容：一是建立以顾客为导向的服务型政府。

新公共管理理论认为管理部门应该是为社会大众服务的机构，公务人员则更像是企业经理和管理人员，社会公众在为政府提供税收的同时也享受着政府所提供的服务。二是借鉴先进的企业管理经验来管理政府。新公共管理理论认为管理部门应重视人力资源管理，关注成本效益，进行全面的质量管理，重视预算和战略管理，并引入激励机制，鼓励员工做好本职工作。三是以市场为调节机制，优化社会资源配置。新公共管理理论认为要以市场化的方式来提供公共服务，从而提升管理部门工作效率。四是建立有效的责任机制与绩效评估体系。新公共管理理论认为应注重管理绩效，严格控制政府活动的投入与产出，并利用数量指标来衡量绩效，把最终结果作为考核标准，构建和完善多元化的责任体制，以实现公共责任和公共利益。

### 2.2.2　新公共管理特征

新公共管理理论产生于“二战”后，西方各国经济复苏的同时不断扩张政府职能和政府机构规模，但政府管制干预人民的生活而遭受到越来越多的抨击。另外，经济全球化对政府的公共管理提出了更高的要求。新公共管理这种新模式是在管理主义理论、公共选择论、产权理论、新古典经济学理论、新制度经济学理论等影响下形成的，主要特征如下：

一是重新定位政府和公民的关系。政府不再是高高在上的官僚机构，公民作为纳税人成为公共服务消费的顾客，应享受政府的服务和回报，政府应强化服务意识更好地服务顾客。

二是更客观地看待政府的新角色工作。新公共管理更加重视政府活动的产出和结果，政府应注重提高公共服务效率和水平，更灵活、更高效地配置公共资源，以更加快捷地满足公众多样的变化需求。

三是提高政府行政绩效的新思路。新公共管理理论主张彻底改变僵硬的官僚制模式，通过采用企业的管理方法，加强竞争和市场导向的策略研究，实现行政绩效质的飞跃。

四是改变政府内部的组织结构和人员关系。新公共管理理论主张正视行政与政治的融合性，强调文官与政务官之间存在密切的互助与渗透关系，并认为按照公共服务的需求决定公共部门的增减，可将某些部门按照合同或者其他方式进行私有化，让更多的私人部门参与公共服务的供给，在人事管理环节上实行灵活性的制度。

## 2.3 生态学理论

### 2.3.1 生态学概念

1866 年，德国动物学家海克尔（Ernst Heinrich Haeckel）初次将生态学定义为研究生物与其环境关系的科学。从此揭开了生态学发展的序幕。1935 年，英国植物生态学家亚瑟·乔治·坦斯利爵士（Sir Arthur George Tansley）首次提出生态系统（ecosystem）概念，即利用能量流动和物质循环，生物与环境在一定时空范围内所形成的一个相互联系、相互作用并且具有自动调节机制的统一整体[88]。1971 年，美国生态学家奥德姆（Eugene Pleasants Odum）在《生态学基础》（*Fundamentals of Ecology*）中提出生态学是研究生态系统结构和功能的科学，其包括五部分内容：①一定区域内生物的数量、种类、生物量、生活史及空间分布；②该区域水和营养物质等非生命物质的质量和分布；③各种环境因素（如温度、湿度、土壤和光等）对生物的影响；④生态系统中的物质循环和能量流动；⑤环境对生物的影响（如光周期现象）和生物对环境的影响（如微生物的固氮作用）[89]。我国著名的生态学家马世骏提出生态学是研究生命系统和环境系统相互关系的科学，其包括五个规律：①相互制约和相互依赖的互生规律；②相互补偿和相互协调的共生规律；③物质循环转化的再生规律；④相互适应与选择的协同规律；⑤物质输入输出的平衡规律。

生态系统是生态学领域的一个主要结构和功能单位，属于生态学研究的最高层次，是由生物群落及其生存环境共同组成的动态平衡系统。生物的生存、活动、繁殖需要一定的空间、物质与能量，生物在长期进化过程中，逐渐形成对周围环境某些物理条件和化学成分（如空气、光照、水分、热量和无机盐类等）的特殊需要。人口的快速增长和人类活动干扰对环境与资源造成极大压力，人类迫切需要掌握生态学理论来调整人与自然、资源以及环境的关系，协调社会经济发展和生态环境的关系，促进可持续发展。

### 2.3.2 生态学特征

作为一个具有完整生态功能的复合体，生态系统具有多样性和相互依赖性、进化性、开放性和稳定性等特征[90,91]。

（1）多样性和相互依赖性。生物多样性依赖于多样的生态资源，以及物种对这些不同生态资源的占据，进而产生生态系统的多样性。在生态学中把生物环境的多样性以及物种对多样环境资源的利用称为生态位，不同生物种在生态系统中的功能与营养节点上会占有不同的地位，环境条件的变化将使得它们的生态位出现分化与重叠。生态系统是由多种多样的生物组成，并由它们的规模、生物特性和生态要求决定，从它们的生态功能到系统的内部，这些生物是在捕食与被捕食的彼此相互依赖又相互竞争的关系中生存的。

（2）进化性。鉴于生物都存在繁殖过剩的倾向，使得生存空间和食物形成不可调和的矛盾，为了能够生存下去，斗争无法避免，这些斗争包括种内、种间斗争以及生物与无机环境的斗争。同时生态系统外部和内部因素都是动态的，环境在逐步改变并且总有很多种类在附近等待着，如果它们比当前环境下占优势的物种更适合即将出现的新环境，就准备取而代之。因此生态系统及其生物组分、种类都在逐步进化，从长远观点上来看会进化得更复杂。

（3）开放性和稳定性。任何一个生态系统都应该是开放的系统，能量和物质进行着不断的输入和输出，生物与其环境共存于自然生态系统中，两者历经长期的协调进化过程形成相互适应的关系。一旦生态系统中某一成分发生变化将会引起其他成分出现相应系列变化，而这些相应的变化会反向影响初始发生变化的那种成分，此类变化过程被称为反馈。反馈包括正、负反馈两个方面，其中，正反馈使得系统变得波动，而负反馈可以使得系统通过调整自身功能以减缓系统内压力从而保持系统稳定。

## 2.4 资源经济学理论

### 2.4.1 资源经济学概念

早在1931年，美国经济学家哈罗德·霍德林（Harold Hotelling）在《可耗尽资源的经济学》（*The Economics of Exhaustible Resource*）一文中提出了资源保护和稀缺资源分配的问题，被认为是资源经济学产生的标志[92]。到20世纪70年代末和80年代初，随着生态保护主义思潮的兴起和资源有限论的建立，资源经济学的研究进入了一个辉煌时期。美国阿兰·兰德尔在《资源经济学：从经济学角度对自然资源和环境政策的探讨》一书中指出“自然资源与环境经济学是应用经济理论和定量分析的方法来解决自然资源和舒适环境的供应、配置、分配及保护等公共政策问题”。2004 年，马中在《环境经济学》中指出资源与经济学是运用经济学原理研究自然资源与环境的发展与保护的经济学分支学科，是经济学研究向自然科学世袭领地的扩展和入侵，是经济学和环境科学这两大类科学交叉形成的一门新兴学科，一般把资源与环境经济学定位于经济学科[93]。

与传统经济学一样，资源经济学的本质同样是研究“稀缺”资源的配置问题。不同的是传统的经济系统模型是以自然资源和环境资源的无限供给为假设前提的，将自然资源和环境资源作为一种外生的、可以无限供给的资源，不计入经济系统分析，不计入生产函数。而资源经济学则将自然资源和环境资源作为一种相对稀缺资源纳入经济发展体系。

### 2.4.2 资源经济学内容

（1）公共物品理论

公共物品指那些能够同时供许多人共同享用的产品和劳务，并且供给它的成本与享用它的效果并不随享用它的人数规模的变化而变化。一方面，公共物品不具有消费的排他性，在供某个人或某部分人利用的同时不能排除其他人的利用权，社会上任一主体均享有同等的权利。另一方面，公共物品具有不可分性，也就是不能通过分割的形式实现其价值。

（2）资源产权理论

资源产权理论强调了界定产权的自然资源所具有的使用权和排他性给产权所有者带来可能的收益增长，以及资源产权给自然资源带来的开发利用更为合理、资源配置更为有效等积极作用。资源产权的三个条件：普遍性，即要求资源普遍有其所有者，而且普遍是私人产权；排他性，即资源的产权是明确归属有限确定主体的，其他主体不享有；可转让性，即产权必须可以自愿自由地交易。

（3）资源政府管制理论

政府管制是为弥补自然资源领域市场失灵而存在的，其主要手段是提供管理公共物品、提供准确的信息、提供交易的规则和秩序等。政府管制也可以同时引入市场手段，如自然资源产权交易制度、自然资源税费制度、押金制度等[94]。

# 第 3 章　国外流域区域管理实践

## 3.1　美国

美国的流域管理模式采用典型的集成与分散方式，管理准则是各州分散负责制，并由联邦政府集成管辖。作为联邦制国家，联邦层面水治理职责相对宏观，主要是制定水资源管理的总体政策和法规，协调各州落实国家政策，确立流域总体目标并推动执行。大部分水治理行政权保留在各州。各部门、各地区按分工各司其职，提升了不同地区治污的自主性和积极性，也增强了各州政府对水资源管理的权限。在州与州之间，通过联邦政府的统筹协调进行综合管理，出现纠纷则通过司法程序解决。

不同流域、不同形式的流域管理机构，其地位和作用有较大差异。美国四种流域管理模式见表 3-1。

**表 3-1　美国四种流域管理模式**

| 模式 | 特点 | 对应流域 |
| --- | --- | --- |
| 联邦政府直接管理模式 | 内政部长领衔负责管理。在这种模式下，联邦政府能更好地推动流域协作，但往往局限于单一问题的解决 | 科罗拉多河流域 |
| 区域综合发展管理局模式 | 区域综合发展管理局是行政权力集中的区域政府管理机构，它有效克服了多部门、跨部门协作不力问题，但是其治理与合作多依赖于联邦政府授权 | 田纳西河流域 |
| 流域委员会模式 | 有关州根据联邦法律或州法律组建委员会，流域委员会综合管理水资源，各州平等享有投票权，各州政府及民众能积极配合，商业和谐发展；但这种模式缺乏法律权威，联邦政府几乎没有发挥作用，各州往往竞相争取联邦资金 | 切萨皮克湾流域、密西西比河流域、密苏里河流域、俄亥俄河流域 |
| 联邦—州流域管理委员会模式 | 该模式下的合作协议必须经过美国国会审批，各州与联邦享有平等投票权，委员会提倡礼让和共同管理，尽量减少争端 | 特拉华河流域 |

在许多项目中，美国多数由联邦牵头，积极提倡进行联邦—州—地方合作，设立多层次跨州的流域管理体制，包括联邦—跨机构协议、跨州协议、联邦—跨州协议等多个层次的管理体制。这种联邦政府、州政府、联邦机构的多种合作对跨州河流的保护和治理发挥了组织保障作用，确保跨流域管理规划、保护措施的统一性和可操作性（表 3-2）。

**表 3-2 多层次流域管理体制**

| 类型 | 特点 |
| --- | --- |
| 联邦—跨机构协议 | 为达到某些特定的目的，联邦机构会与其他机构或地区建立联邦—跨机构的合作。这种合作一般是非正式的，通过合作章程或参与机构独立采用的决议来管理。优点在于无须设立专门的办公室和人员，仅采取一种网络模式，达到解决问题的目的，因而更加高效和去官僚化 |
| 跨州协议 | 在产生跨界流域治理问题时，跨州协议是最通用的解决途径。跨州协议是州与州之间分配权力和责任的机制。协议签订后，各州还会建立专门的协议委员会来执行跨州协议。这些协议详尽规定了协调机构设置、污染治理费用分配以及纠纷解决机制等内容。但在跨州协议失效时，往往寻求司法途径解决跨界污染纠纷，即向最高法院上诉 |
| 联邦—跨州协议 | 联邦和州都是签约方，都要履行职责和义务，无论是在联邦机构或者是州机构，不论是按照联邦法律还是州法律，这种协议都是强制执行的 |

解决跨州流域问题由联邦政府主导、州政府参与，无须选举的联邦代表以及非正式跨州组织发挥着重要作用。联邦政府和州政府承担着跨州流域治理主要职责，它们制定并执行决策及跨州流域水资源规划等。联邦代表和非正式跨州组织成员虽然地位低，但是动力十足。他们没有被授予任何重要的权力，规模小，但对跨州流域水资源管理非常有兴趣，能够快速反映问题，热情参与，强烈呼吁，积极行动，促进流域水资源问题的解决。

美国许多法案涉及流域水资源管理的内容，如《清洁水法》《安全饮用水法》《水资源规划法》等。法案规定了跨州流域管理委员会的组织结构、主要目标、发展规划、资金来源、每个委员会的责任及职权范围。法案为联邦、州、州之间、地方及非政府组织管理水资源提供法律保障。另外，跨州流域水纠纷可以通过最高法院判定。1933 年通过的《田纳西河流域管理法》，不但明确田纳西河流域管理局的地位与职责，而且把有关水的开发、利用、管理、保护及防治水害等内容也规定在内。《萨斯奎汉纳流域管理协议》经过组约州、宾夕法尼亚州、马里兰州立法机关批准，于1970年经美国国会通过，成为国家法律，付诸实施。

美国流域管理中十分注重公众参与。田纳西河流域管理局设置地区资源管理理事会。理事会虽然是咨询性质的，但从其成员构成的权威性和代表性，以及严谨的工作制度来看，它是一个有效和重要的机构，为流域管理局与流域内各地区提供了交流协商渠道，促进流域内地区的公众参与流域管理。这种咨询机构对田纳西河流域管理局的行政决策起到了重要的参考和补充作用，有利于改进管理，也符合现代流域管理的公众参与和协商的发展趋势。时任总统杜鲁门指出：田纳西河流域管理局是“美国的一项伟大成就，即建立了在地方自治基础上开发资源的基本原则”。在资金来源方面，美国科罗拉多河流域管理引入了信托基金方式，由用水各方代表组成基金会董事，企图依靠社会的支持，改变资金完全依靠政府和企业投入的局面。这是扩大公众参与流域管理的另一种有益尝试。美国流域管理体制见表3-3。

**表3-3　美国流域管理体制**

<table>
<tr><th>模式</th><th>机构</th><th>职能</th></tr>
<tr><td rowspan="3">美国集成与分散共存的跨流域事务治理</td><td>联邦政府主导：国家水政局</td><td>制定水资源管理的总体政策和法规，协调各州落实国家政策，确立流域总体目标并推动执行，提倡联邦—跨机构合作、跨州协议、联邦—跨州协议等多个层次的管理体制</td></tr>
<tr><td>州政府参与</td><td>州掌握大部分水治理行政权</td></tr>
<tr><td>无须选举的联邦代表以及非正式跨州组织</td><td>参与跨州流域水资源管理，反映问题</td></tr>
</table>

## 3.2　澳大利亚

澳大利亚在流域管理中推行全流域管理（TCM），强调“公众与政府一起努力”。它鼓励居民组成团体解决共同问题，或派代表参加流域管理委员会，取得了良好的效果。TCM的目标为，协调与流域管理有关政策执行、项目和活动执行；在自然资源管理上获得公众积极参与；确认自然资源的破坏并进行整治；促进自然资源的持续利用；提供稳定的有生产力的土地、高质量的水资源和受保护的具有产出能力的植被。

为实现上述目标，法律规定设置一个流域管理委员会网络，由州流域管理协调委员会协调连接政府和公众。流域管理委员会网络包括州层面的流域管理协调委员会、流域层面的流域管理委员会和流域管理托拉斯。此外，还有科研院所、地方组织介入。在州层面设立州流域管理协调委员会，为全州的 TCM 建立一个中央协调机制。在区域或整条河流层面上设立流域管理委员会，监督和协调该区域或整条河流的自然资源管理活动。在管理过程中，如果相关区域内自然资源的破坏将影响公众生活，设立托拉斯能平衡分担费用，而土地所有者、使用者和公众赞成设立时，可以由部长建议，成立公司性质的、能筹措资金的流域管理托拉斯，把与区域内有关的全流域管理宗旨都规定在章程之中。上述委员会和托拉斯并不单独工作，它们由公众参加，以协调持续使用和管理流域的土地、水、植被和其他自然资源。管理委员会或托拉斯成员大多为区域内的土地所有者和使用者、与环境事务相关的利益者，也包括从地方政府提名的小组委员会中选举的人和区域中负责自然资源使用管理的政府部门或机构的官员。在 TCM 运行框架和过程中，还有大量地方组织和高等院校、科研机构的专家介入，从而构成流域管理网络体系，全面解决环境问题。在全流域管理过程中，政府是一方当事人，为 TCM 提供法律框架，帮助筹措资金，提供技术建议，和其他参加者配合工作。与此相适应，流域管理委员会网络各级职能见表 3-4。

**表 3-4　流域管理委员会网络各级职能**

| 机构 | 管理职能 |
|---|---|
| 州流域管理协调委员会 | ①协调 TCM 战略的实施；②监测和评价 TCM 战略的实施效果；③向负责的部长或任何与 TCM 有关的其他部长提供建议；④调节流域管理委员会的活动并与流域管理托拉斯保持联系；⑤行使任何其他由负责的部长直接指令的与流域管理有关的职能 |
| 流域管理委员会 | ①促进和协调全流域管理政策和项目的执行；②建议和协调政府、社会组织和个人的自然资源管理活动；③明确流域需求并准备执行战略；④协调计划准备基金；⑤监测、评价和报告全流域管理战略和计划的进展、实施情况；⑥组建解决有关自然资源冲突和问题的论坛；⑦促进调查、研究自然资源管理问题并加以解决；⑧履行任何其他由州流域管理协调委员会指定的与 TCM 有关的职能 |

| 机构 | 管理职能 |
|---|---|
| 流域管理托拉斯 | ①提出、建造、经营、管理和维护建筑工程；②购买、交换、租借、占有、处置、管理、使用或用其他方法处理不动产或个人财产；③缔结契约（包括咨询契约）；④参与和落实与工程有关的费用分摊和其他工作安排；⑤通过收费或接受捐赠筹集资金；⑥提供包括资金、人员或设备的援助，以减轻水、旱、火或其他紧急灾害情况的危险；⑦参加保险；⑧行使章程规定的任何职责；⑨解决任何偶发事件。另外，托拉斯也可以在区域内行使流域管理委员会任何一项或所有职能 |

墨累-达令河流域管理是澳大利亚流域管理体制的代表。墨累-达令河是澳大利亚主要河流，也是澳大利亚唯一发育完整的水系。墨累-达令河流域面积几乎是大洋洲陆地面积的 14%。墨累-达令河流域管理机构是根据澳大利亚联邦政府与 4 个州政府所达成的《墨累-达令河流域管理协议》设置的，即墨累-达令河流域部级理事会、墨累-达令河流域委员会和社区咨询委员会。墨累-达令河流域管理机构设置最突出的特点是有社区咨询委员会，起双向沟通与反馈的作用。它向部级理事会和委员会就应关注的自然资源管理问题提供咨询服务，向委员会反映社区所关注的问题；它向委员会以及公众收集资料及意见、建议，并向公众解释政策，以便公众更好地理解政策，使政策执行得更为有效。另外，公众参与者都是具有一定专业知识的人员，提出的问题与建议更有针对性、可行性与参考的意义，保证了更为有效的参与，这对其他流域治理的公众参与模式提供了一些启发。

## 3.3 日本

日本在流域水资源管理中采取的是多部门协作治理的模式。在日常治理过程中，中央政府层面由国土交通省、厚生劳动省、经济产业省、农林水产省和环境省 5 个部门共同负责，各司其职（表 3-5）；地方级的都道府县均有相应的水利管理机构。中央政府主要负责相应法律法规的制定、流域水资源的长期合理规划，在制定法律与规划过程中往往是农林水产省、环境省等多部门联合出谋划策。地方政府按照上级的规划指示开展流域周边供排水、水处理和水务的日常运营，并对污水进行回收，建造污水处理厂，在每一个环节严格按照相应的法规要求执行。

表 3-5　中央政府中与水资源管理有关的五个部门

| 中央部门 | | 职能 |
|---|---|---|
| 一级机构 | 二级机构 | |
| 环境省 | 环境管理局 | 负责制定环境标准，从事水环境保护 |
| 厚生劳动省 | 健康局 | 是自来水事业的政府最高分管部门，负责饮用水的卫生 |
| 经济产业省 | 资源能源厅 | 负责水力发电规划和管理 |
| 农林水产省 | 农村振兴局 | 是农林用水的最高分管部门 |
| 国土交通省 | 水管理和国土保全局 | 负责河流、水坝和沿海岛屿的维护和管理、水资源、污水系统、侵蚀控制等 |

日本的流域管理重视对水系的规划。在 20 世纪 50 年代初日本战后国土规划的起步阶段，美国田纳西河流域综合开发的成功经验对日本的影响很大，因而战后日本以重要河流流域为单位，从制定流域的综合开发规划入手，综合考虑资源开发、国土整治、产业振兴、防灾减灾以及城市建设等多方面目标。水系规划根据《水资源开发促进法》的规定，以“水资源开发水系”为对象，从 1962 年开始制定。先后制定了 7 条河流水系的水资源开发基本规划。规划的基本内容包括：各部门用水量的预测及供给目标；需要兴建设施的基本情况；其他有关水资源综合开发利用的重要事项。

日本有较为完善的流域管理法律保障体系，各部门严格依法办事。早在明治时期的 1896 年，就制定了《河川法》，历经 1964 年、1996 年两次修订，是关于河流管理的重要法律，对河流管理的原则、中央与地方政府在河流管理上的分工、河流利用的规制、河川审议会制度等做了详细的规定。《河川法》将日本河流分为一级河流、二级河流及准用河流 3 个等级。一级河流的管理权限在中央政府，由建设大臣负责有关的保护和整治活动，其中特别重要区间由中央政府直接管理，对其余区间（称为“指定区间”）委任给该河川所在的都、道、府、县的首长行使部分管理权；二级河流由所在都、道、府、县的首长行使管理权，但跨经两个以上都、道、府、县的二级河流则需有关地方政府首长协商规定管理办法；准用河流由市、町、村长行使管理权。20 世纪中期，制定了《工业用水法》《上水道法》《下水道法》《特定多功能水库法》《水资源开发促进法》《公害对策基本法》《水污染防治法》等一系列法律法规。其中，1967年的《公害对策基本法》和1970年的《水污染防治法》规定了水质环境标准、排污标准和违法处罚标准。日本流域管理体制见表3-6。

**表3-6 日本流域管理体制**

| 模式 | 机构 | 职能 |
|---|---|---|
| 日本多部门协作治理的模式 | 中央政府：国土交通省、厚生劳动省、经济产业省、农林水产省和环境省五个部门共同负责 | 治水即防治水害由国土交通省负责；治污由环境省负责；用水根据用途不同分别由农林水产省、厚生劳动省、经济产业省负责 |
| | 地方政府：相应的水利管理机构 | 按照上级的规划指示开展流域周边供排水、水处理和水务的日常运营，并对污水进行回收，建造污水处理厂 |

## 3.4 英国

英国流域管理以立法为基础，以各层级管理机构责权利明晰为特征，主要经历了两个阶段。英国对水资源最初采取地方分散管理方式，1973年《水法》颁布后，开始实行流域统一管理。但英国政府需要承担巨额的水务支出。1989年《水法》修订后，水务国有化管理向民营化服务转变。这一时期政府将10个区域性水务局整改为10个大型的流域性股份制公司，并相继设立了环境署、水务服务办公室和饮用水监督局等非政府部门监管机构。

英国的流域一体化管理是以流域为单元的垂直治理方式，涵盖“国家—流域—社区”三个层面，形成了中央对水资源按流域统一管理和水务私有化相结合的管理体制，主要有3个特点：一是由国家层面的管理、监督机构统一制定并组织实施水资源管理的法律、规章、制度、政策等；二是以流域为基本单元建立主管机构，监督水资源管理政策的实施；三是供水、排水、污水处理等水资源管理的具体事务由私营水务公司承担。国家层面有环境、食品和农村事务部。除了政府部门，也包括环境署等非政府部门的公共机构。流域层面上设立了流域性水务公司和流域区联络委员会，社区层面设立地方议会，负责管理辖区内的排水和污水管道（表 3-7）。

**表 3-7 英国水资源管理机构及具体职责**

| 机构名称 | 机构性质 | 职责 |
|---|---|---|
| 环境、食品和农村事务部（Department for Environment, Food and Rural Affairs，DEFRA） | 英国水资源管理体制中的重要机构 | 对外主要代表英国的立场进行协商谈判，对内主要制定水法律法规并提交威尔士议会审议通过，确保国内水资源管理符合欧盟的要求；监督和审查许可证制度；确定水费水平；对监管机构进行宏观管理等 |
| 环境署（Environment Agency，EA） | 非政府部门的公共机构，受环境、食品和乡村事务部领导 | 保护、改善环境并促进可持续发展。在涉水事务方面，环境署是英格兰和威尔士执行欧盟《水框架指令》及国内水资源管理政策的权威机构 |
| 水务服务办公室（Water Services Regulation Authority） | 非部长级的政府部门 | 代表政府对水价进行宏观调控，以保证水务公司以合理的价格为用户提供优质高效的供水及排污服务 |
| 饮用水监督局（Drinking Water Inspectorate，DWI） | 独立机构 | 保护英格兰和威尔士的公共用水特别是饮用水安全，主要工作包括：代表政府制定饮用水的水质标准；监督、检测水务公司供应饮用水的数量和质量；处理消费者投诉，调查与水质相关的事故，对相关责任公司或责任人进行处罚等 |
| 流域性水务公司（Water and Sewage Company） | 对所辖流域涉水事务统一实施规划管理的权力机构，是纯企业性质的私营公司，是政府管理和保护水环境方面的主要合作伙伴 | 水务公司在获得政府取水、污水排放许可证的基础上，在政府分配的水权和指定的服务区域内自主经营，自负盈亏。主要负责向居民生活、工业生产、农业灌溉等用户提供供水、排水和污水处理服务 |
| 流域区联络委员会（River Basin District Liaison Panel） | 根据英国水文地理条件，将全国划分为 15 个流域区，每个流域区均设立一个流域区联络委员会 | 对流域管理规划的内容、措施及合作机制等进行讨论和协商，对规划制定过程的合规性进行检查，并对规划实施效果进行跟踪监督 |

## 3.5 法国

以法律为基础，法国设立了国家级、流域级和子流域级三级管理机构。历史上，法国曾实行以省为基础的水资源管理。法国1964年颁布的《水法》将全国划分为六大流域，建立了以流域为基础的水资源管理体制。精简了管水机构，将行政权和财政权合理设置，避免垄断的同时，也保证了水利工程资金的来源。1992年《水法》进一步加强了这一管理体制，并将水管理的机构设置分为国家级、流域级、子流域级三个层次。此外，相关法律还有《民法典》《刑法典》《公共卫生法》《国家财产法》《公共水道和内陆通航法》等。

国家级的水资源管理机构为国家水务委员会。国家水务委员会主席由法国总理任命，成员包括来自用水户和各协会、地方当局、国家政府和议会的代表，以及相关专家和各流域委员会的主席。但该机构并不具体负责流域管理，只提供国家层面的建议、咨询与引导，主要对水资源使用费和水资源分配、污水处理等公共服务的质量提出意见和建议。

流域级的水资源管理机构是流域委员会和流域水管局。中央层面的水资源开发利用和保护政策主要通过流域管理机构来落实。流域级管理机构具体承担流域水资源开发利用和保护规划及项目实施。同时，流域委员会成员涵盖了中央相关部委和地方政府代表，可以协调国家层面和地方层面的利益关系。流域水管局既是流域委员会的执行机构，也是生态部的派出机构，履行规划执行、融资建设、技术服务等职责。根据法国划分的六大水域，1964年共设立了六大流域委员会和六大流域水管局。流域委员会拟定流域水资源开发与管理总体规划（SDAGE），提交议会批准，并跟踪该规划的实施情况。SDAGE以6年为一个周期，对流域水资源管理进行总体部署，并设定目标。SDAGE具有法律效力，任何涉及水管理的行政决策都必须符合该规划的要求。流域委员会根据SDAGE提出的目标，给出用水费和排污费的建议，通过议会批准后，由流域水管局征收。流域水管局财务独立，有自己的财政收入。在流域层面，还设置了流域协调省长，是流域管理机构体系的最高层，负责所有流域的整体治理和协调工作。

子流域级水资源管理机构可成立子流域水务委员会。其成员中，地方政府代表占半数，用水户代表和国家政府代表各占 1/4。子流域水务委员会负责拟定与 SDAGE 相适应的子流域水资源开发与管理计划（SAGE），该计划也具有行政法规性质。SAGE 明确各项目标要求（用水量控制、水资源和水生态保护、湿地保护等），并根据当地情况，制订一系列行动计划，如教育宣传、河流保护与开发、雨水控制、防洪、污染防治、地表水及地下水保护、生态系统与湿地恢复等。法国流域管理体制见表 3-8。

表 3-8　法国流域管理体制

| 模式 | 机构 | 职能 |
| --- | --- | --- |
| 法国的三级管理机制 | 国家级：国家水务委员会 | 提供国家层面的建议、咨询与引导 |
| | 流域级：流域委员会和流域水管局 | 流域委员会是协商与制定方针的机构，负责流域水资源开发利用和保护规划及项目实施，协调国家层面和地方层面的利益关系。<br>流域水管局是流域委员会的执行机构，履行规划执行、融资建设、技术服务等职责 |
| | 子流域级：子流域水务委员会 | 子流域水务委员会负责拟定与 SDAGE 相适应的子流域水资源开发与管理计划（SAGE），该计划也具有行政法规性质 |

## 3.6　经验启示

（1）推行流域一体化管理，强化部门间协作

跨区域性和流动性是流域的基本特征，流域内不同个人和团体出于不同目的利用土地、水和环境资源。分散管理体制下的“多龙治水”，导致部门间利益纠葛、效率低下。流域一体化提倡成立以流域为单位的管理机构，注重不同区域和部门间的协调，加强工作之间的沟通与合作，通过统一手段优化流域的保护开发利用。以上各国都在流域层面设立了一体化管理机构，如美国的田纳西河流域管理局、澳大利亚的流域管理委员会、英国的流域区联络委员会和法国的六大流域委员会及流域水管局。

（2）加强流域管理立法

如美国的《田纳西河流域管理法》，不但明确田纳西河流域管理局的地位与职责，而且把有关水的开发、利用、管理、保护及防治水害等问题也规定在内，而《清洁水法》《安全饮用水法》《水资源规划法》等明确规定了跨州流域管理委员会的组织结构和职能范围。日本以《水资源开发促进法》为主体，有很完善的流域管理法律保障体系。法国通过以《水法》为主体的法律体系，确立了三级管理机制。流域管理机构必须有法律基础和授权，清晰地确定其职能、组织结构和财务基础。

（3）推进水务行业政府和社会资本合作（PPP）机制

由于水务行业资金投入大、周期长、风险高，各方参与意愿不强，政府投资占主导地位。英国在水务投融资模式上采用PPP项目下的私有化水务合作方式，解决了水务方面的财政压力，取得了较好的成效。美国科罗拉多河流域管理引入了信托基金方式，改变资金完全依靠政府和企业投入的局面。我国可借鉴这些成功案例的经验，鼓励符合资质的私营企业参与到水利开发、供排水、污水处理等重大水利工程中。

（4）建立完善公众参与机制

在流域管理的过程中充分调动社会和公众的积极性，是一条成功的经验，也是一个发展趋势。将自上而下的管理指导与自下而上的建议反馈相结合，确保流域综合管理的顺利实施。澳大利亚墨累-达令河通过发动学校、非政府组织、社区和农户，以及其他用水户使公众可以直接参与流域环境保护行动，不仅增强了流域管理主体之间的协调与配合，而且提高了社会公众对流域环境保护的认知和实践积极性。在流域保护过程中，应建立完善的多方参与和部门协调机制，保证上下游各相关部门和利益相关者均能参与到流域水环境保护中。美国田纳西河流域管理局下设的地区资源管理理事会，从成员构成上保证了地区民众可以参与流域管理。

# 第 4 章 “十三五”时期京津冀水环境管理体制机制改革成果

## 4.1 生态环境管理体制改革平稳推进

（1）完成生态环境机构管理体制改革

京津冀三地均组建了生态环境厅（局），作为省（市）政府组成部门，将原省（市）环境保护厅（局）的职责，以及省（市）发展和改革委员会的应对气候变化和污染减排职责，省（市）规划和国土资源管理委员会（市国土资源和房屋管理局）的监督防止地下水污染职责，省（市）水务局编制水功能区划、排污口设置管理、流域水环境保护职责，省（市）农业局监督指导农业面源污染治理职责，省（市）南水北调工程建设委员会办公室南水北调工程项目区环境保护职责等，均整合入省（市）生态环境厅（局）。三地原各市级生态环境部门由各市级党委和政府管理，调整为以省（市）生态环境厅（局）为主的双重管理体制，仍为市级政府工作部门，市级生态环境部门领导班子成员均调整为以省（市）生态环境厅（局）为主的双重管理。

（2）建立健全生态环境监测监察执法体系

京津冀三地均将市级生态环境部门的环境监察职能上收，由省级生态环境部门统一行使生态环境监察职能，建立了生态环境保护督察专员制度，明确了监察（督察）专员职数，派驻监察机构完成挂牌，人员已基本到位。三地均组建了省、市两级生态环境保护综合执法队伍，统一实行生态环境保护执法。三地均将市级生态环境质量监测、调查评价和考核职能上收，由省级生态环境部门负责全省（市）的生态环境质量监测、调查评价和考核工作。

三地省级生态环境监测机构统一承担全省（市）行政区域内生态环境质量监测工作，并相应充实了人员。河北省是全国第一个省级以下环保机构监测监察执法垂直管理改革试点省份，将市级环境监测机构上收，作为省驻市环境监测机构，由省环境保护厅直接管理。北京、天津各区生态环境监测机构仍由各区生态环境部门管理，负责执法监测、应急监测和污染源监督性监测。

（3）成立了海河流域北海海域生态环境监督管理局

2019 年 5 月，生态环境部海河流域北海海域生态环境监督管理局正式挂牌成立，为生态环境部副司局级派出机构，设在天津，所辖区域包括海河流域和北海海域，实行生态环境部和水利部双重领导、以生态环境部为主的管理体制，主要负责流域生态环境监管和行政执法相关工作。进一步加强了海河流域北海海域生态环境统筹，编制了《海河流域水生态状况调查监测工作方案》，开展了海河流域水生态状况调查监测。出台了《海河流域水生态环境问题调查督导工作规程》，定期开展海河流域水生态环境形势会商。编制了海河流域水生态环境保护“十四五”规划及北海区海洋生态环境保护“十四五”规划。

## 4.2 水污染防治法规标准体系更加完善

（1）立法协同取得突破

2015 年 3 月，首次京津冀协同立法工作座谈会制定了《关于加强京津冀人大协同立法的若干意见（草案）》，京津冀协同立法取得突破。近年来，京津冀三地人大建立了京津冀人大立法工作联席会制度、法制工作机构密切合作机制、重要立法项目工作协同机制等。2020 年 5 月，京津冀三地同步实施《机动车和非道路移动机械排放污染防治条例》，作为落实京津冀协同发展战略的首个协同立法项目，为京津冀地区水污染防治协同立法提供了有力指导。

（2）推动水环境保护统一规划

为保障密云水库水质安全和提升潮河流域生态环境质量，北京市会同河北省编制了《潮河流域生态环境保护综合规划（2019—2025 年）》，统筹推进京津冀地区水资源管理、水生态保护和水污染防治。

（3）水环境标准逐步统一

近年来，京津冀三地相继制定了区域和流域水污染物排放标准，相关标准要求基本协调一致。北京、天津已在全市范围内实施严于国家标准的城镇污水处理厂排放标准。天津市主动对接北京市污水排放标准，修订了天津市《城镇污水处理厂污染物排放标准》、天津市《污水综合排放标准》，大幅收严污水处理厂和废水直排企业的排水标准。2018 年 10 月，河北省出台了《大清河流域水污染物排放标准》《子牙河流域水污染物排放标准》《黑龙港及运东流域水污染物排放标准》三项标准，针对大清河、子牙河、黑龙港及运东等流域出台标准，与京津出台的相关标准接轨。

## 4.3　水污染联防联控联治机制更加健全

（1）成立了水污染防治协作小组及典型河流工作协调小组，地市层面的协作更积极主动

2016 年，在环境保护部等有关部委推动下，成立了京津冀及周边地区水污染防治协作小组，定期研究协同推进水污染防治工作，加强京津冀地区水污染防治和水资源保护统筹规划，相继印发了《京津冀及周边地区落实〈水污染防治行动计划〉2016—2017 年实施方案》《京津冀区域 2017 年水污染防治工作方案》等。成立了京津冀水污染突发事件联防联控工作协调小组、环境执法联动工作小组，制定了定期会商、联动执法、联合检查、重点案件联合督察和信息共享五项工作制度。针对重点河流省级以下层面，成立了京津冀凤河西支、龙河环境污染联合处置工作协调小组、永定河流域市级河长联络办公室等。地市层面的协作更积极主动，天津市宝坻区先后与北京市通州区，河北省香河县、玉田县、三河市签署了京津冀水污染突发事件联防联控机制合作协议、宝玉香水生态环境保护联席会议制度；北京市密云区、怀柔区与河北省承德市签署了潮河流域生态环境联建联防联治合作协议等，有力推动了京津冀水污染防治协作的组织和落实。

（2）建立了京津冀地区水污染应急联动联席制度，应急联防联控机制更加健全

2014 年，京津冀水污染突发事件联防联控机制第一次联席会议召开，打破了原有的封闭格局，强化了地市间、区县间基层环保部门的沟通。自 2017 年起，京津冀三地对水污染突发事件进行了多次应急演练，2017—2019 年，分别在凤河、白河水域、天津潮白河流域进行了联合应急演练，为跨界水污染突发事件的妥善处置奠定了坚实基础。为进一步确保共享信息及时准确，京津冀三地签订了《京津冀突发环境事件应急联动指挥平台数据共享协议》。2020 年 12 月，在京津冀水污染突发环境事件联防联控工作总结会上，三地就液氨贮存使用单位环境风险防控规范的编制进行了沟通，不断推进京津冀地区联防联控深入发展。

（3）深化京津冀地区水污染防治联合执法，探索设立联动执法下沉试点

2015 年 11 月，京津冀地区生态环境执法联动工作机制正式建立，三地生态环境部门每年轮值召开生态环境执法联动重点工作会议，共同制定年度执法联动重点，实现生态环境执法联动从无到有的突破。如 2019 年 7 月，河北省生态环境厅牵头组织召开第六次生态环境执法联动重点工作会议，对白洋淀等流域跨省（市）界河流开展联合执法检查，对废水直接排入水环境的排污口，以及江河湖库沿岸人口密集区、第三产业及工业集聚区等重点区域内涉水污染源开展重点排查。在省级执法联动的基础上，京津冀三地的联动执法层级进一步下沉，建立相邻县、区、市间的生态环境执法联动工作机制。北京与河北、天津相邻的所有区都完成了联动执法下沉工作。

## 4.4 水环境保护市场机制成效初显

（1）建立流域上下游横向生态补偿机制

2016 年，天津、河北正式实施了引滦入津流域横向生态补偿（第一期，2016—2018 年）；2020 年 3 月，天津、河北签署了引滦入津上下游横向生态补偿的协议（第二期，2019—2021 年）。两期共落实生态补偿资金 27 亿元，其中中央资金 15 亿元，天津市资金 6 亿元，河北省资金 6 亿元。同时，为切

实保护密云水库上游潮白河流域水源涵养区生态环境，2018 年 11 月，北京、河北签订了《密云水库上游潮白河流域水源涵养区横向生态保护补偿协议》（2018—2020 年）；2022 年 8 月，北京、河北签订新一轮《密云水库上游潮白河流域水源涵养区横向生态保护补偿协议》（2021—2025 年），这标志着密云水库治理保护进入新发展阶段，树立了北方水资源紧缺地区流域共建共享机制的样板。

（2）开展环境权益交易

2016 年，水利部和北京市政府联合发起组建了中国水权交易所，旨在充分发挥市场在水资源配置中的决定性作用，更好地发挥政府作用，全面提升水资源利用效率和效益。京津冀地区加快推进水权改革，河北实现了全国首单农民水权额度内的农业水权交易。天津、河北作为财政部、原环境保护部、国家发展改革委批复的排污权有偿使用和交易试点，积极推进排污权有偿使用和交易，河北设立了专门的排污权交易管理中心。

# 第 5 章　京津冀地区“十四五”时期水环境管理体制改革和机制创新形势要求

## 5.1　宏观形势与需求

（1）落实中央全面深化改革重大战略部署的重要内容

党中央、国务院高度重视京津冀协同发展和生态环境领域行政体制改革工作，并做出一系列重大决策部署。2013 年 5 月，习近平总书记在天津调研时提出，要谱写新时期社会主义现代化的京津“双城记”。2013 年 8 月，习近平总书记在北戴河主持研究河北发展问题时，又提出要推动京津冀协同发展。2014 年 2 月，习近平总书记在北京主持召开座谈会，专题听取京津冀协同发展工作汇报，明确提出，推进京津冀协同发展，要自觉打破自家“一亩三分地”的思维定式，加强生态环境保护合作，完善水资源保护、水环境治理等领域合作机制。此后，习近平总书记多次就京津冀协同发展做出重要指示，强调要从全局的高度和更长远的考虑来认识和做好京津冀协同发展工作，增强协同发展的自觉性、主动性、创造性，保持历史耐心和战略定力，稳扎稳打，勇于担当，敢于创新，善作善成，下更大气力推动京津冀协同发展取得新的更大进展。

《生态文明体制改革总体方案》中明确提出：在部分地区开展环境保护管理体制创新试点，构建各流域内相关省级涉水部门参加、多形式的流域水环境保护协作机制和风险预警防控体系，将分散在各部门的环境保护职责调整到一个部门。“水十条”明确提出，强化源头控制，水陆统筹，河海兼顾，对江河湖海实施分流域、分区域、分阶段科学治理，形成政府统领、企业施治、市场驱动、公众参与的水污染防治新机制。《关于全面推行河长制的意见》和《按流域设置环境监管和行政执法机构试点方案》，对水环境管理提出了体制改革和机制创新的要求。《中共中央 国务院关于深入打好污染防治攻坚战的意见》《中共中央 国务院关于全面推进美丽中国建设的意见》对京津冀地区生态环境协同保护机制，强化京津冀协同发展生态环境联建联防联治提出了明确要求。

（2）全面推进京津冀协同发展的必然要求

2014 年以来，京津签署了《关于进一步加强环境保护合作的协议》，津冀签署了《加强生态环境建设合作框架协议》。京津冀共同签订了《京津冀区域环境保护率先突破合作框架协议》《水污染突发事件联防联控机制合作协议》，联合制定出台“京津冀环境执法联动工作机制”等一系列规划协议，为京津冀地区生态环境保护协同工作提供重要指导。水环境管理体制改革已成为京津冀地区协同发展中的重要内容。

2016 年 2 月，《“十三五”时期京津冀国民经济和社会发展规划》印发实施，这是我国第一个跨省（市）的区域“十三五”规划。遵循国家重大战略要求，深化京津冀地区水环境综合管理体制改革，创新流域和行政区域相结合的京津冀地区水环境管理机制，为完善京津冀地区水生态环境一体化管理体系提供支撑，对京津冀地区生态环境协同保护具有重要意义。

2022 年 6 月，京津冀三地签署了《“十四五”时期京津冀生态环境联建联防联治合作框架协议》，进一步拓宽协同领域、延伸协同深度，齐心协力推动区域生态环境质量持续改善。

（3）解决京津冀地区水环境问题的重要手段

尽管多年来京津冀地区实施了大量水污染防治政策，管理规制日趋严格，但是由于区域综合管理的复杂性和体制改革的艰巨性，区域综合管理体制机制尚未全部形成，现行水环境管理体制障碍和政策壁垒限制着政策效果的进一步发挥，不能有效地制约环境污染的行为主体，导致上下游水资源利用和分配矛盾、流域水生态系统退化、水环境恶化等问题[95-97]。因此，迫切需要改革京津冀地区水环境管理体制，构建符合流域经济发展特征的水环境管理长效机制，支撑我国水环境管理模式的战略转型，促进流域社会经济可持续发展。

## 5.2 存在的问题与挑战

（1）经济结构布局与水资源环境承载能力矛盾依然突出

京津冀地区以全国 1%的水资源支撑了 8%的人口。京津冀地区常住人口 1.13 亿，人口密度大，其中北京、天津人口高度聚集，人口密度分别为 1 312 人/$km^2$ 和 1 290 人/$km^2$，均为河北的 3 倍以上，是全国平均水平的 9 倍以上。京津冀地区水资源匮乏，人均水资源量仅有 129.3 $m^3$/人，约为全国的 6.2%（全国人均水资源量为 2 077.7 $m^3$/人）。

据统计，海河流域水资源开发利用的强度已达到 106%，远超过了世界公认的安全警戒线（40%），水资源环境容量严重超载。北京虽然通过疏解非首都功能，产业结构得到优化，但是京津冀地区产业结构仍然偏重，以钢铁、石化等重化工业为主，粗钢产量约占全国总产量的 25%，煤炭消费比重超过全国平均水平。河北省高耗水行业产值占工业总产值 50%以上，农业灌溉用水量占总用水量比重达 55%以上，保定等 10 个缺水城市再生水利用率不足 30%。

（2）部分地区环境污染严重

京津冀地区水环境状况不容乐观，形势严峻。2020 年，海河流域Ⅰ～Ⅲ类水质断面占比为 64.0%，比全国平均值低 23.4 个百分点，比长江流域的低 32.6 个百分点；劣Ⅴ类水质断面占 0.6%，比全国平均值高 0.4 个百分点，比长江流域的高 0.6 个百分点（图 5-1）。2021 年 1—5 月，京津冀地区劣Ⅴ类断面比例为 3.9%。大清河、永定河等部分河段及北大港水库污染较严重，部分断面一度出现水质降级情况。另外，京津冀地区生态用水短缺，2020 年，区域内有效遥感影像覆盖的 262 条河流中 80%以上出现干涸。

（3）“三水”统筹水环境管理体制还不健全

京津冀地区水污染联防联控联治高层领导机构缺位。京津冀地区成立的水污染联防联治协作小组由各省（市）生态环境等部门的代表人员组成，未形成包含协调、监测和评估等功能的综合机构，缺乏制度稳定性，管理呈现“碎片化”，缺乏京津冀地区水污染防治方面统一的顶层设计，对于区域水污染防治的机制设计、责任划分、监督方式等，均没有明确的规定[98,99]。

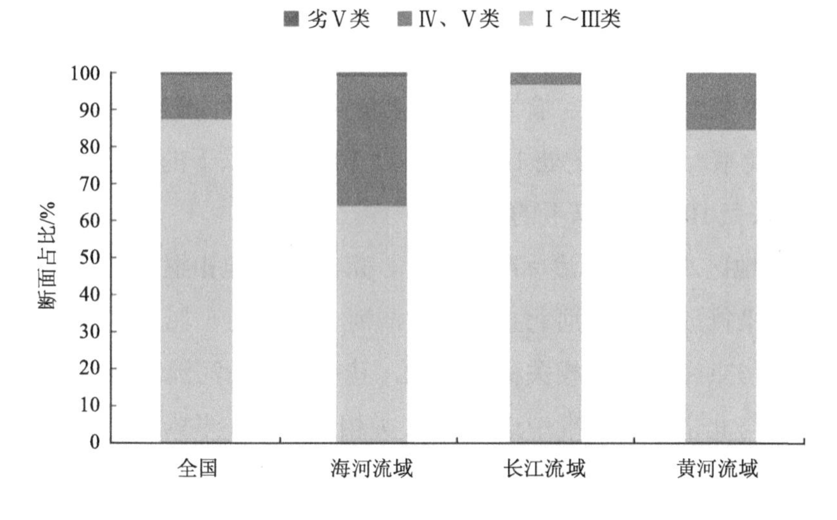


图5-1　2020年三大流域及全国水质断面情况

根据《关于全面推行河长制的意见》等文件，河（湖）长制的主要目的是水生态保护修复和水污染防治。经过此次机构改革，其确定的水资源保护、河湖水域岸线管理保护、水污染防治、水环境治理、水生态修复、执法监管等6项职责任务中，已有5项由生态环境部门承担，但河（湖）长制办公室普遍设在地方水利部门，不利于工作推动落实。有的地方对河（湖）长制重视不足，制度落实效果受到影响[100]。此外，目前主要是按行政区设置河长、湖长，难以解决跨省界流域生态环境保护相关问题。

另外，京津冀地区有的地方水污染综合执法改革落实不到位，虽已整合水利部门流域水生态环境保护执法权，但未同步调整相关执法人员。

（4）水污染联防联控联治机制尚未完全建立

缺乏区域性统一的水污染协同治理法律法规体系。京津冀地区水污染联防联控联治制度成果主要是京津冀三地政府及部门间签订了协议。虽然三地颁布实施了多部关于水污染防治的地方性法规，但三地水污染防治协同立法机制还不完善，无论是京津冀地区还是海河流域，均未建立完整统一的区域性水污染防治法律法规体系[101-103]。《中华人民共和国水污染防治法》对海河流域管理做出了一些规定，但是管理机构的权利和义务并不十分清晰。正是京津冀地区缺乏统一的水污染防治地方法规，使三地执法标准不统一。京津冀三地水污染防治条例中，对责任划分、行政处罚等方面要求不一致，天津对原始监测数据保存，明确至少保存 3 年，而北京、河北只要求保存，未规定年限；当发生水质超标、偷排、篡改数据等违法事件时，三地的惩罚力度并不相同，北京、天津规定处 10 万元以上 100 万元以下的罚款，而河北规定处 20 万元以上 100 万元以下的罚款。

京津冀地区水污染防治标准不统一。京津冀三地相继制（修）订了区域和流域水污染排放标准，河北主动对大清河、子牙河、黑龙港及运东等流域出台标准，与京津出台的相关标准接轨，其中，大清河流域核心控制区污染物排放限值与北京相关标准中最严的 A 类相当。但京津冀三地一体化的环境准入机制尚未建立，水污染排放标准还不统一。比如，北京、天津的水污染物综合排放标准中，化学需氧量最高排放限值分别为 20/30 mg/L、30/40 mg/L；河北大清河、子牙河、黑龙港及运东流域水污染物排放标准中，化学需氧量限值均为 20/30 mg/L，而且河北其他水系仍然实行之前的污染物排放标准。对超标排放水污染物等违法行为的惩罚力度也不同，如对于“未依法取得排污许可证排放水污染物的”，天津的违法成本较河北高了 200 倍。天津主动对接北京污水排放标准，大幅收严污水处理厂和直接排放企业的排水标准。

另外，京津冀地区水污染防治信息共享机制不完善，虽然在应急污染联防联控方面，三地实现了信息共享，但是断面的水质水量、雨情等常规监测信息未实现信息共享，部分指标的实时数据只能通过自行监测才能及时获取。

（5）市场政策激励机制未真正发挥作用

流域上下游横向生态补偿机制不完善。引滦入津、密云水库上下游横向生态补偿实施过程中，生态补偿标准偏低，难以平衡上下游共同治水利益分配，对上下游地区的激励不足[104-106]。以引滦入津工程为例，自 1983 年以来，河北已向天津供水约 200 亿 $m^3$，保障了下游用水需求，但由于上游地区经济基础普遍较弱，保护流域生态环境负担十分沉重，与治理投入相比，下游地区给予的补偿资金与上游地区的生态贡献不匹配。同时，生态补偿以资金补助为主（且以财政转移支付、专项资金奖励为主），属于“输血型”补偿，而

“造血型”补偿偏少，流域持续稳定的投入机制没有形成，流域共治、产业共谋、协同发展的长效合作机制尚未形成，对口协助、产业互助、共建园区、技术援助、绿色产业扶持等多元化补偿方式尚未实施。

京津冀地区尚未建立统一排污权交易市场，天津、河北排污权有偿使用和交易试点实施过程中，二级市场不活跃，企业参与排污权交易的自主性和积极性不高，交易后的环境监测执法保障力度不足。

# 第 6 章 “十四五”时期京津冀水环境管理体制改革与机制创新思路和任务

## 6.1 指导思想

以习近平新时代中国特色社会主义思想为指导，深入贯彻党的二十大精神，全面落实习近平生态文明思想，立足新发展阶段，完整、准确、全面、贯彻新发展理念，构建新发展格局，紧密围绕京津冀协同发展重大国家战略，把握减污降碳总要求，以持续改善京津冀水环境质量为目标，把水资源、水环境、水生态承载力作为刚性约束，以改革水环境管理体制机制为动力，全面深化水污染联防联控，加快构建现代水环境治理体系，协同推进京津冀生态环境高水平保护和经济高质量发展。

## 6.2 总体原则

统筹谋划，整体推进。立足现实基础和长远需要，切实加强顶层设计，突出流域上下游、左右岸、干支流协同治理，保护水资源，改善水生态，优化水环境，提高区域水污染综合治理的系统性和整体性。

改革创新，制度优化。深化水环境管理体制改革，完善区域法律法规标准体系，充分发挥市场作用，健全生态补偿机制，增强各项制度的关联性和耦合性，形成与治理任务、治理需求相适应的水环境管理制度体系。

协作有力，多方参与。健全区域水污染防治协作机制，明晰政府、企业、公众等各类主体权责，畅通参与渠道，形成全社会共同推进区域水环境治理的良好格局。

## 6.3 总体目标

通过京津冀地区水环境管理体制机制改革创新，京津冀地区水环境质量显著改善，全面消除黑臭水体，水污染联防联控机制有效运行，水污染防治协同立法取得突破，市场激励政策发挥更大作用，上下游、左右岸、干支流协同保护治理机制基本建成，水环境治理体系现代化水平明显提高。

## 6.4 改革框架与路线图

在分析国家环境管理体制改革及京津冀地区协同发展重大战略部署，评估京津冀水环境管理体制机制改革成效，识别京津冀水环境问题，研判京津冀地区水环境管理体制机制改革形势及需求的基础上，提出了京津冀地区水环境管理体制机制改革框架：在京津冀地区进行水环境管理体制改革，建立健全统一的法律法规标准体系，实行最严格的水环境管理制度，建立水环境管理经济政策体系，健全水环境管理综合决策机制。改革路径推进分为两个阶段：2021—2023 年、2024—2025 年（表 6-1，图 6-1）。

**表 6-1 京津冀地区水环境管理体制机制改革路径**

| 改革任务 | 2021—2023 年 | 2024—2025 年 |
|---|---|---|
| 深化京津冀水环境管理体制改革 | • 将京津冀及周边地区大气污染防治领导小组调整为京津冀及周边地区污染防治领导小组<br>• 健全海河流域北海海域生态环境监督管理局职责体系<br>• 建立海河流域北海海域生态环境监督管理局与水利部海河水利委员会的沟通协商机制<br>• 完善河（湖）长制的组织体系<br>• 推动省以下生态环境机构监测监察执法垂直管理制度改革落实落地<br>• 构建以排污许可制为核心的固定污染源监督执法体系 | • 开展京津冀新污染物专项调查监测和研究性监测<br>• 建立海河流域北海海域生态环境监督管理局统筹、河（湖）长制落实的流域生态环境管理新格局<br>• 出台京津冀水生态环境监测条例 |

| 改革任务 | 2021—2023 年 | 2024—2025 年 |
| --- | --- | --- |
| 健全水环境管理法律法规标准体系 | • 开展京津冀地区水污染防治联合立法研究<br>• 健全环境行政执法和环境司法衔接机制<br>• 健全环境案件审理制度<br>• 以北京、天津、雄安新区为圆心，实施水污染物排放统一标准 | • 出台京津冀地区水污染防治条例<br>• 制定区域统一的水污染物排放标准 |
| 实行最严格的水环境管理制度 | • 严格用水总量控制<br>• 建立健全节水激励机制<br>• 开展基于排污许可证的监管、监测、监督“三监”联动试点<br>• 实施水污染物排污总量控制<br>• 改革完善企事业单位水污染物排放总量控制制度<br>• 健全完善统一的生态环境损害鉴定评估技术标准体系 | • 全面实施排污许可证“三监”（监管、监测、监督）联动<br>• 构建以排污许可制为核心的固定污染源监管制度体系<br>• 推进多污染物协同减排<br>• 推动完善生态环境损害赔偿法律制度体系 |
| 健全水环境管理经济政策体系 | • 深化生态环境领域财政事权和支出责任划分改革<br>• 完善水资源价格形成机制<br>• 具备污水集中处理条件的建制镇全面开征污水处理费<br>• 推进京津冀跨区域排污权交易市场建设<br>• 加快水权交易试点<br>• 开展京津冀地区水环境容量的资源资产负债表编制<br>• 开展京津冀地区水生态价值核算<br>• 推进京津冀地区横向生态补偿机制建设<br>• 推进京津冀地区绿色信贷产品开发<br>• 鼓励发行绿色债券<br>• 在城镇污水处理等环境基础设施领域实施资产证券化 | • 建立水环境保护投入稳定增长机制<br>• 建立京津冀地区水环境基金<br>• 建立农村生活污水垃圾治理收费制度<br>• 建立京津冀跨区域排污权交易市场<br>• 推进用水权交易制度<br>• 建立市场化、多元化生态补偿机制<br>• 继续推进创新绿色金融政策 |
| 建立水环境管理一体化的社会治理体系 | • 科学设计政绩考核指标，建立符合科学发展观的政绩考核评价办法<br>• 开展领导干部自然资源资产离任审计<br>• 建立企业环境信息依法披露制度<br>• 完善企业环保信用评价制度<br>• 建立公众参与绿色积分激励制度<br>• 建设京津冀地区水环境信息共享平台 | • 建立体现京津冀地区水环境保护要求的政绩考核目标体系、考核办法和奖惩机制<br>• 将环境信息强制性披露纳入企业信用管理<br>• 全面实施环保信用评价<br>• 建立三地协同一致的常态化、高质量信息公开制度 |

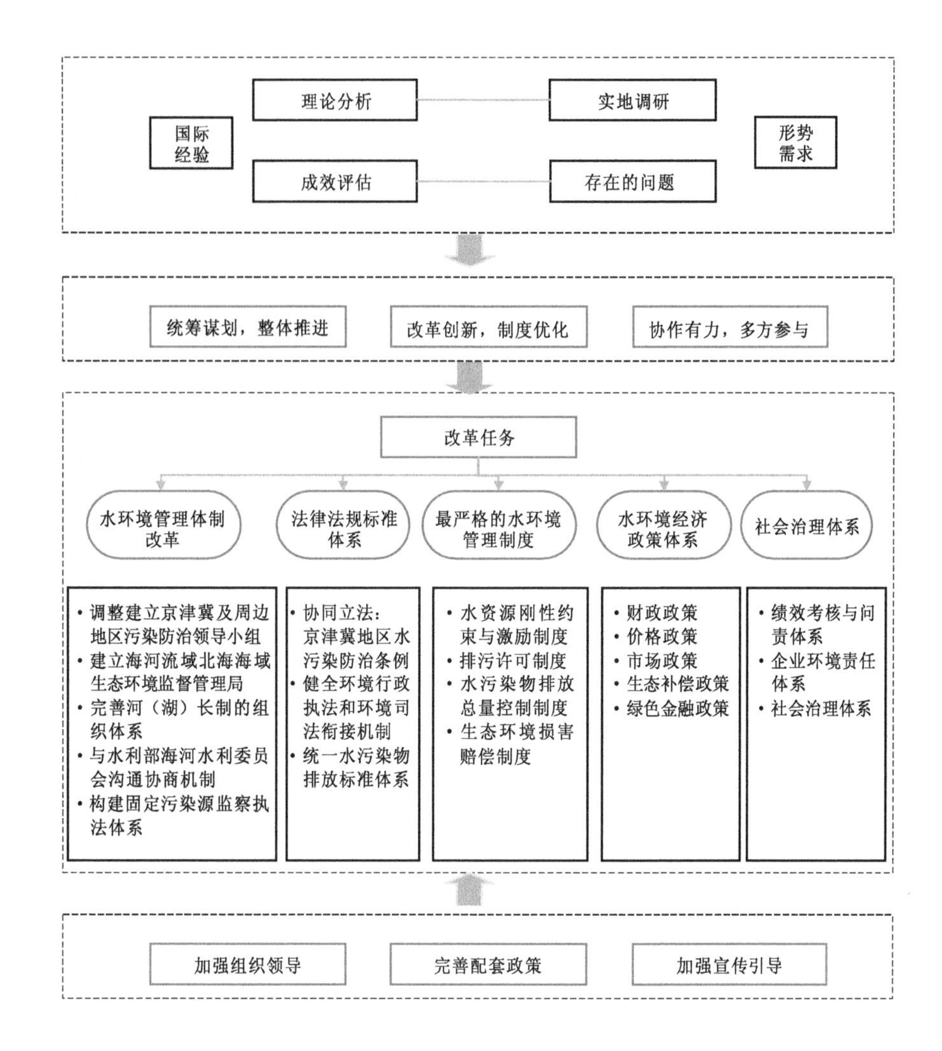


**图 6-1 京津冀地区水环境管理体制机制改革框架**

## 6.5 重点任务

### 6.5.1 深化水环境管理体制改革

（1）将京津冀及周边地区大气污染防治领导小组调整为京津冀及周边地区污染防治领导小组

除原京津冀及周边地区大气污染防治领导小组主要职责外，组织推进区域水污染联防联控工作，统筹研究解决区域水环境突出问题，组织制定区域水污染防治重大政策措施，指导督促有关部门和地方落实重点任务，组织实施考评奖惩等。下设京津冀及周边地区污染防治领导小组办公室，并设在生态环境部，承担领导小组日常工作。京津冀及周边地区污染防治领导小组实行工作会议制度和信息报送制度。相关部门和省级政府每年向领导小组报告区域大气、水污染防治年度任务完成情况和下一年度工作计划。

（2）健全海河流域北海海域生态环境监督管理体制

理顺海河流域水质监测等职责关系，健全海河流域北海海域生态环境监督管理局职责体系，增强流域生态环境保护的系统性、整体性、协同性。统筹考虑京津冀地区水环境保护工作实际，完善河（湖）长制的组织体系，由各级生态环境部门与水利部门共同落实河（湖）长制。充分发挥海河流域北海海域生态环境监督管理局解决跨省界流域生态环境问题中的职能作用，推动建立海河流域北海海域生态环境监督管理局统筹、河（湖）长制落实的流域生态环境管理新格局。

（3）推动建立海河流域北海海域生态环境监督管理局与水利部海河水利委员会的沟通协商机制

定期对重要生态环境问题、重大工程项目及重点水资源开发活动进行沟通协商，协同推进流域保护治理。

（4）建立先进统一的京津冀水环境管理监察执法体系

推动省以下生态环境机构监测监察执法垂直管理制度改革落实落地。完善京津冀水生态环境监测和评价制度，尽快出台京津冀水生态环境监测条例，形成区域统一的水环境监测标准规范。开展京津冀新污染物专项调查监测和研究性监测，摸清重点管控新污染物的污染状况及分布规律，加强区域新污染物监测能力建设。构建以排污许可制为核心的固定污染源监督执法体系，推进京津冀地区水污染防治综合行政执法，加强京津冀地区水环境综合执法队伍建设，加强对重点水环境案件和跨区域水环境问题开展联合执法，并鼓励跨界地区探索跨区域的联合执法新机制、新模式。

### 6.5.2 建立健全统一的法律法规标准体系

（1）完善京津冀地区水环境保护协同立法

借鉴京津冀地区同步施行的《机动车和非道路移动机械排放污染防治条例》，开展京津冀地区水污染防治联合立法研究。充分发挥三地协同立法联席会议制度的作用，将水污染防治区域立法列入立法工作计划，加强党委、人大、司法机关等不同层次的沟通协调机制，尽快制定京津冀地区水污染防治条例，明确水污染防治联防联控联治的责任划分、评估机制和监督方式等，为京津冀地区水污染联防联控联治提供法制保障。

（2）推进环境司法

健全环境行政执法和环境司法衔接机制，完善程序衔接、案件移送、申请强制执行等方面规定，加强生态环境部门与公安机关、人民检察院和人民法院的沟通协调。健全环境案件审理制度。积极配合司法机关做好相关司法的制（修）订工作。强化公民环境诉权的司法保障，细化环境公益诉讼的法律程序。

（3）加快京津冀地区水污染物排放标准体系建设

制定区域统一的水污染物排放标准，以北京、天津、雄安新区为圆心，从内向外、分步分时实施统一标准。实行统一的违法处罚标准，防止高污染、高排放企业向区域内标准“洼地”转移。做好环境保护标准与产业政策衔接配套，健全标准实施信息反馈和评估机制。

### 6.5.3 实行最严格的水环境管理制度

（1）完善水资源刚性约束与激励制度

根据京津冀地区水资源的禀赋条件，合理制定区域经济发展布局，控制区域生产用水量，降低水资源开发利用率，逐步提高生态用水保障水平。实行取用水总量和消耗强度双控，确立水资源开发利用和用水效率控制红线，优化水资源配置，逐步提高生态用水保障水平。开展水资源超载、地下水超采综合治理行动，用好南水北调中线和东线北延工程、引黄入冀补淀工程等外调补水，大力推进地下水压采，逐步实现地下水采补平衡。全面实施节水行动，推进农业灌溉节水管理与节水技术开发应用；推进工业节水技术改造与工业园区循环用水，提高工业超标准用水成本，建立高耗水企业退出机制；推进城镇节水降损工程与普及生活节水器具，健全节水激励机制。

（2）全面实行排污许可制

建立以排污许可证为主要依据的生态环境日常执法监督工作体系，加强排污许可证后管理，开展排污许可专项执法检查，落实排污许可“一证式”管理。制（修）订排污许可技术规范、自行监测指南、污染防治可行技术等，覆盖全部排污许可发证行业和重点管理企业。组织开展基于排污许可证的监管、监测、监督“三监”联动试点，推动重点行业环境影响评价、排污许可、监管执法全闭环管理。加快推进环评与排污许可融合，推动总量控制、生态环境统计、生态环境监测、生态环境执法等生态环境管理制度衔接，构建以排污许可制为核心的固定污染源监管制度体系。持续做好排污许可证换证或登记延续动态更新。

（3）完善水污染物排放总量控制制度

围绕京津冀地区水环境质量改善，实施水污染物排污总量控制，改革完善企事业单位水污染物排放总量控制制度，推进依托排污许可证实施企事业单位水污染物排放总量指标分配、监管和考核。实施重点行业减排工程，着力推进多污染物协同减排。健全水污染减排激励约束机制。

（4）建立健全生态环境损害赔偿制度

完善生态环境损害赔偿法律制度体系。进一步健全完善统一的生态环境损害鉴定评估技术标准体系。建立公益诉讼和执行监督制度，加强生态环境修复与损害赔偿的执行和监督，加强培训，提高生态环境损害赔偿人员工作能力。

### 6.5.4 创新水环境管理经济政策体系

（1）完善财政政策

一是完善京津冀地区水环境保护财政政策。完善中央生态环境保护资金项目储备库。调整优化财政支出结构，加大对水生态修复、水环境保护的财政支持力度。制定中长期生态环境保护预算，保障水环境保护财政支出政策效益的连贯性。适度增加水生态环境保护、污染治理等地方政府专项债规模。二是建立京津冀地区水环境基金。采用财政资金引导、社会资本投入为主、市场运作的方式，建立京津冀地区水环境基金，明确资金筹集、使用、管理等，支持京津冀地区水污染联防联控联治。设立基金管理中心，参照市场经济中的基金公司模式进行组建管理，政府部门不得以行政手段干预基金管理中心的运营。管理中心内部成立理事会和管理办公室。基金管理中心在商业银行或国家政策性银行设立基金账户。银行作为基金托管人，具体负责基金的保管。贷款项目经基金管理中心审批后，由银行与贷款企业签订贷款协议，并根据双方协议按期如数发放贷款，银行负责监督贷款使用及催收本息。同时，托管银行需定期向基金管理中心和基金监事会报送贷款发放、回收报表。吸引社会资本投入，以低息贷款与股权投资相结合的方式支持水污染治理项目。三是推进京津冀地区横向生态补偿机制建设。以流域上下游、重点饮用水水源地、自然保护区等为重点，在财政转移支付、税收优惠政策等补偿手段之外，充分运用对口协作、产业转移、人才培训、共建园区、购买生态产品和服务等方式，合理制定补偿标准，促进受益地区与生态保护地区良性互动。

（2）完善环境价格政策

一是健全水资源价格形成机制。统筹京津冀地区市场供求、生态环境损害成本和修复效益等因素，完善水资源价格形成机制。合理确定再生水资源价格，由再生水资源供应企业和用户按照优质优价原则自主协商定价。二是完善并落实污水垃圾处理收费征收标准。探索将管网运营费纳入城镇污水处理费，具备污水集中处理条件的建制镇全面开征污水处理费。三是建立农村生活污水垃圾治理收费制度。

（3）完善环境市场政策

一是健全京津冀地区环境权益交易机制。建立京津冀跨区域排污权交易市场，完善配额总量设定、覆盖范围确定、初始排污权核定分配、监督管理等，鼓励企业跨市、跨省交易，提高二级市场积极性。加快水权交易试点，培育和规范水权交易市场。二是出台京津冀地区水权交易政策文件，对水权交易、水市场监管等进行整体部署，厘清各部门职责划分。加快完善水权交易法律体系，并完善其相关主体和权力的界定，对水权交易的主体、性质、初始分配、权力的内容和转让等，都要进一步明确。

（4）完善资源价值核算政策

一是开展京津冀地区水环境容量的资源资产负债表编制。开展京津冀地区水环境容量资产调查，依据调查统计数据，摸清京津冀地区水环境质量、污染物排放状况。选择科学合理的模型，准确核定京津冀地区水环境功能区的水环境容量。根据核定的水环境容量结果，构建京津冀地区水环境容量资源核算与资产负债表框架体系。二是开展京津冀地区水生态价值核算。对生态系统提供的有形生态产品价值和无形生态服务价值进行实物量核算。以实物量核算为基础，对人类提供的水生态供给服务价值、水生态支持与调节服务价值、水生态文化服务价值等进行核算，加总得到生态产品生产总值。在生态产品实物量和价值量核算的基础上，编制京津冀地区生态产品产出绩效表。

（5）创新绿色金融政策

一是推进京津冀地区绿色信贷产品开发，结合市场需求，鼓励金融机构在贷款额度、贷款利率、贷款期限、贷款审批等方面制定优惠措施，开发针对企业、个人和家庭的绿色信贷产品。二是鼓励发行绿色债券，支持金融机构通过发行绿色金融债方式投资绿色产业；鼓励符合条件的企业积极公开发行企业债和中期票据，拓宽企业融资渠道，为企业加大水污染治理投资力度提供保障。三是推进资产证券化，在城镇污水处理等环境基础设施领域实施资产证券化，促进具备一定收益能力的经营性环保项目形成市场化融资机制。

### 6.5.5 完善水环境管理综合决策机制

（1）完善绩效考核与问责

一是健全领导干部政绩考核体系。科学设计政绩考核指标。将严守水环境质量底线、水资源利用上线等纳入政绩考核体系，大幅提高水资源利用消耗、水环境损害、绿色发展等指标的权重。建立符合科学发展观的政绩考核评价办法，突出水生态修复、水污染治理等重点任务，建立体现京津冀地区水环境保护要求的政绩考核目标体系、考核办法和奖惩机制。重视政绩考核结果的运用，体现用人导向。二是开展领导干部自然资源资产离任审计。以领导干部任期内辖区资源资产变化状况为基础，通过审计客观评价其履行自然资源资产管理和生态环境保护责任情况，界定领导干部应当承担的责任，并将审计结果作为领导干部考核、任免、奖惩的重要依据。对领导干部离任后出现重大生态环境损害并认定其需要承担责任的，实行终身追责。建立环境保护督察和履职约谈等制度，加快推动环境保护责任的全面落实。

（2）强化企业环境责任

一是建立环境信息依法披露制度。将重点排污单位、实施强制性清洁生产审核的企业、因生态环境违法行为被追究刑事责任或者受到重大行政处罚的上市公司、发债企业纳入环境信息强制性披露范围，着重加强对环境信息强制性披露企业的管理，将环境信息强制性披露纳入企业信用管理，作为评价企业信用的重要指标。严格落实企业主体责任和政府监管责任，推动形成企业自律、管理有效、监督严格、支撑有力的环境信息依法披露制度。二是完善企业环保信用评价制度。全面实施环保信用评价，依据评价结果实施分级分类监管，依法实施守信激励和失信惩戒，将失信企业列为重点监管对象，加大日常监管力度。推进环保信用评价结果广泛应用，鼓励行业协会商会、金融机构等在会员管理、宣传推介、融资授信、厘定环境污染责任保险费率等过程中，参考使用环保信用评价结果。建立环保信用信息共享机制，推动各级环保信用信息平台的互联互通。完善环保信用信息修复机制。强化环保信用信息安全管理。

（3）完善社会治理政策体系

一是实施全民绿色行动积分奖励计划。依托大数据技术，引导和鼓励以市县为单位，建立公众参与绿色积分激励制度。将公众绿色消费、绿色出行、节能环保、垃圾分类、环境监督、志愿行动等生态环境保护行为转化为绿色积分，采用能源消费折扣、消费券兑换、“志愿者”认证等方式，对绿色行为提供直接激励。二是加强生态环保组织和志愿者激励政策。引导和规范环保社会组织管理，建立白名单和黑名单制度。实施对环境保护社会组织的表扬表彰、授予合作伙伴资质等鼓励政策。实施补助补贴、名誉认证等激励政策，推进建立民间生态环境保护监督员、生态环境保护网格员、民间河长、环保志愿者等，协同加强业务指导和监管。支持建立社区环保志愿组织，鼓励基层社区组织制定生态环境保护的社规民约。

（4）建立水环境信息共享机制

建设京津冀地区水环境信息共享平台，及时公布京津冀三地的水污染防治工作信息、环境监测实时数据、执法情况、污染事件及处理情况、法律法规等，逐步完善信息共享相关管理制度和运作机制，加强共享信息的监管，推动建立三地协同一致的常态化、高质量信息公开制度。

## 6.6 加强组织实施

（1）组织保障

加强统筹协调，强化生态环境保护督察，将京津冀地区水生态治理、污染防治情况作为督察重要内容，落实地方党委和政府生态环境保护主体责任，落实“党政同责”“一岗双责”。

（2）资金保障

健全财政资金投入机制。财政部等有关部门要加大京津冀地区水环境保护资金投入力度，完善生态环境保护投资中央项目储备库，对水生态修复任务重、水环境质量改善明显的地区给予重点支持。

（3）技术保障

加强京津冀地区水环境保护相关基础工作。组织开展科技攻关，加强海河流域的监测预警、污染治理、生态保护等关键技术研发，加大对最佳可行技术和河湖微塑料等前沿生态环境问题研究，开展区域水环境基础性调查、生态价值核算等研究。

（4）社会保障

拓宽宣传渠道，多角度、多层面宣传报道京津冀地区水污染防治工作经验成效，进一步营造水环境保护共建、共治、共享氛围。

# 第 7 章　京津冀地区水环境管理经济政策与社会治理调查评估

## 7.1 京津冀地区水环境管理经济政策问卷调查

本次京津冀地区水环境管理经济政策与社会治理调查评估采用线上发放调查问卷和线下走访相结合方式，范围涵盖北京市、天津市、河北省。在京津冀地区发放了京津冀地区水环境管理经济政策问卷 620 份，调查覆盖了生态环境主管部门、高校、科研院所、企事业单位等不同职业、学历和收入的人群。其中，北京市回收 138 份，天津市回收 155 份，河北省回收 327 份。

（1）京津冀地区基本情况与统计分析

从样本的基本情况来看，在被调查者中，机关和事业单位工作人员占 49.68%，企业员工占 31.29%，个体从业人员占 5.16%，农户占 5.16%，学生占 5.65%，其他占 3.06%。男性占 61.13%，女性占 38.87%。

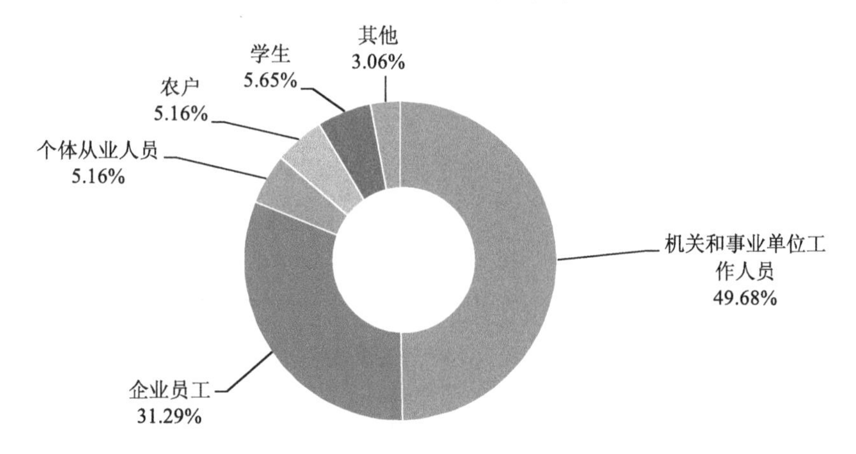


**图 7-1　京津冀地区水环境管理经济政策被调查者身份情况**

填写问卷总人群中，有 70.48%的人从事或所学的专业与环保相关。

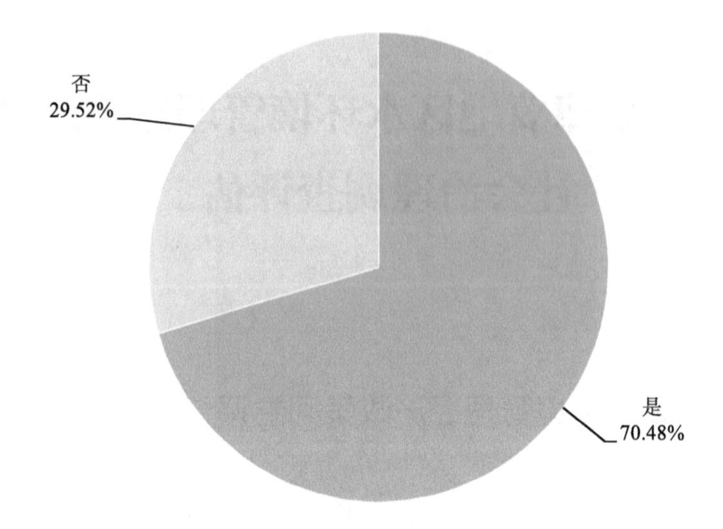


图 7-2 京津冀地区水环境管理经济政策被调查者专业与环保相关情况

男性占 61.13%，女性占 38.87%。

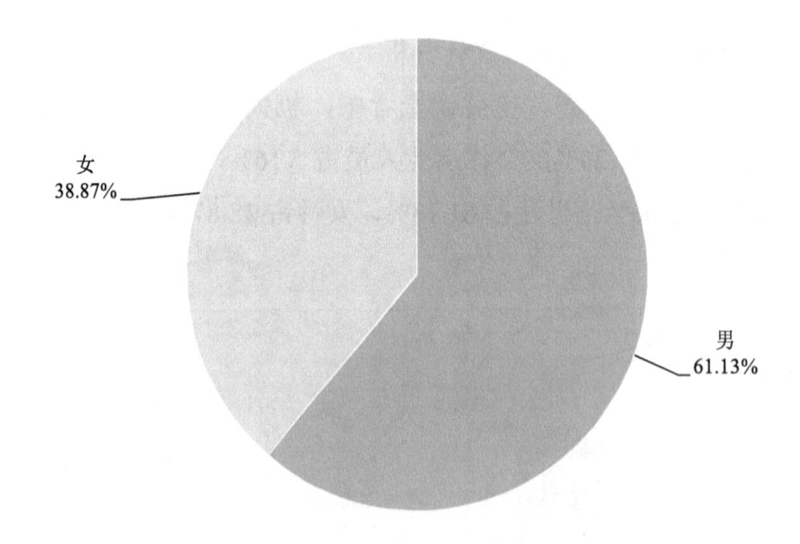


图 7-3 京津冀地区水环境管理经济政策被调查者性别情况

受教育程度中，大专及以下学历占比 15.81%，本科占比 23.23%，硕士占比 35.81%，博士占比 25.16%。

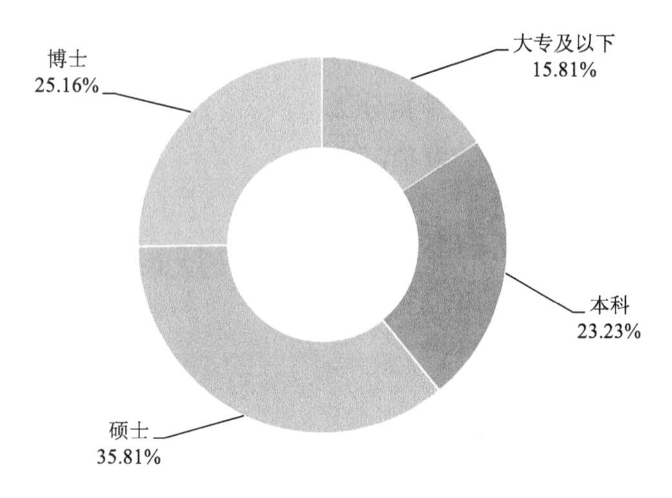


图 7-4　京津冀地区水环境管理经济政策被调查者学历情况

月收入中，3 000 元以下占比 8.39%，3 000～6 000 元占比 22.1%，6 000～1 万元占比 32.1%，1 万～2 万元占比 26.29%，2 万元以上占比 11.13%。

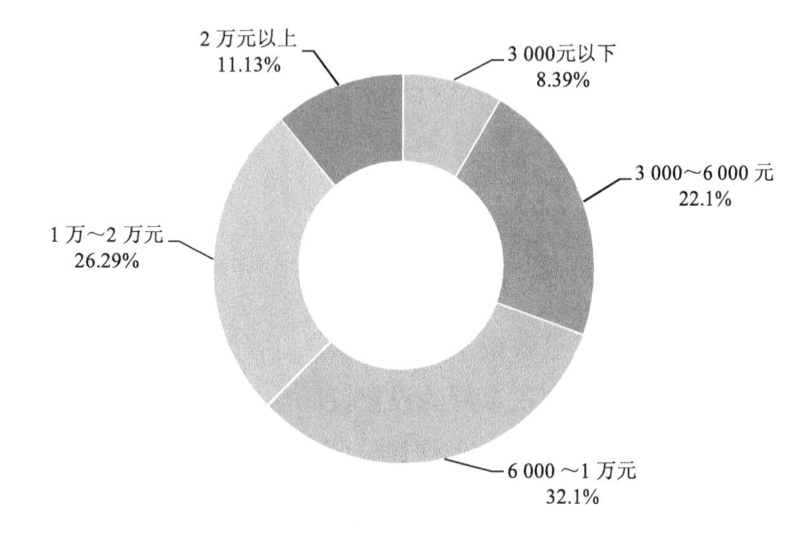


图 7-5　京津冀地区水环境管理经济政策被调查者收入情况

（2）京津冀地区水环境管理经济政策评估调查统计分析

对于京津冀地区水环境保护中经济手段的重要性排序方面，针对水污染物的环境保护税得分 4，污水处理收费得分 3.82，排污交易得分 3.35，流域生态补偿得分 3.1，公共财政政策得分 2.86，政府与企业合作、进行市场化改革得分 2.83。因此，对于京津冀地区居民来说，目前较为重要的经济手段是环境保护税和污水处理收费。同时，结合京津冀地区水源较少、自净能力较低的状况，目前得到的结果更加贴合了“费改税”的大趋势。

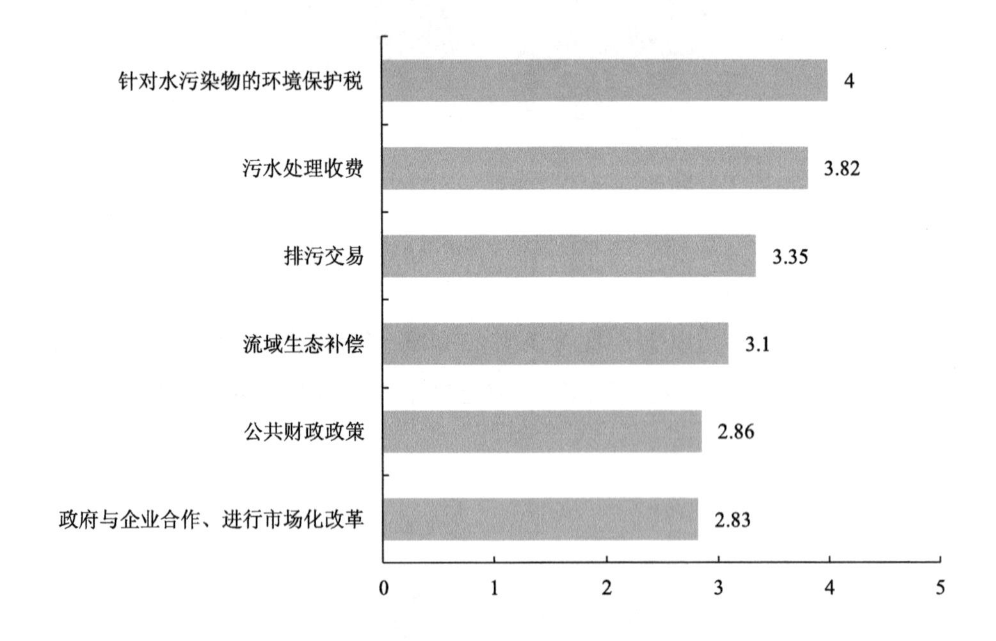


**图 7-6 京津冀地区水环境保护中经济手段的重要性情况**

对于水污染物征收环境保护税，目前超过 70%的京津冀地区居民认为，主要问题在于减税免税等优惠政策不完善，以及税务部门和环保部门协作困难；超过 50%的居民认为，征税金额的设置较低也是问题；而税务部门征税成本较高这一选项，则只有 43.06%的居民认同。这从侧面表现出，对于环境保护税这一经济政策，居民普遍认为，问题出在有关政府部门协作方面。

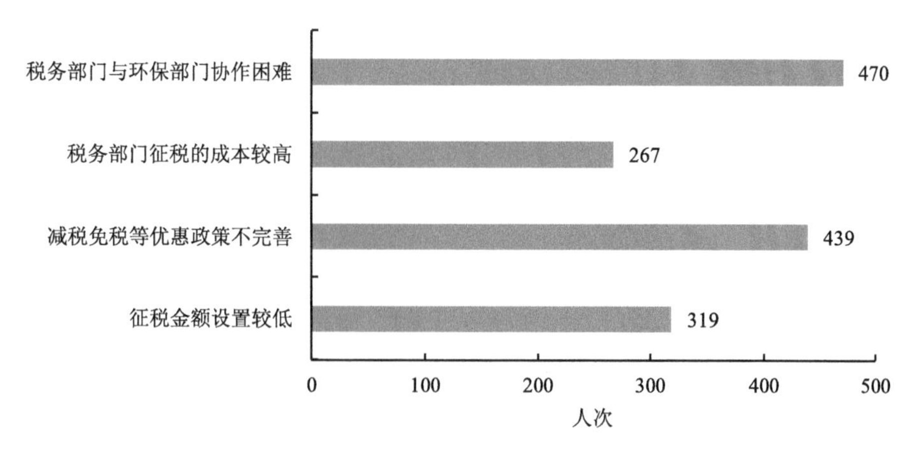


**图 7-7　京津冀地区针对水污染物征收的环境保护税情况**

超过 50%的居民认为，环境保护税未来改革的重点领域在于加强征收管理、提高征收效率；27.9%的居民认为，重点领域在于排污收费改税；而对于提高收费标准和扩大征收范围，只有 10%左右的居民认同。这说明政府部门在整个环境保护税改革中的重要作用，且“费改税”是大势所趋。

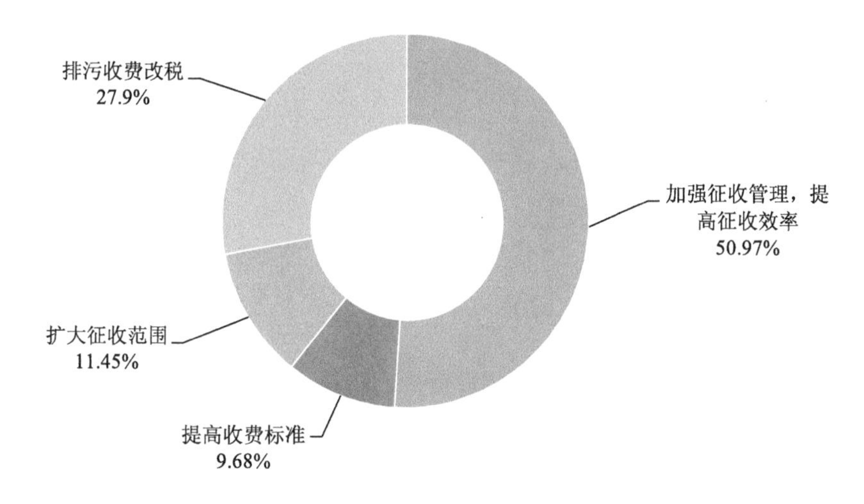


**图 7-8　京津冀地区针对水污染物征收环境保护税的重点领域情况**

对于水污染物排污交易方面，46.94%的居民认为，目前在京津冀地区的推进程度一般；而不太了解的居民占到了 35.65%；认为推进程度很好的居民占 11.13%；认为不好的居民占 6.29%。可以看出，目前大多数居民对水污染物排污交易的了解不深，作出了一般和不太了解的中性评价。

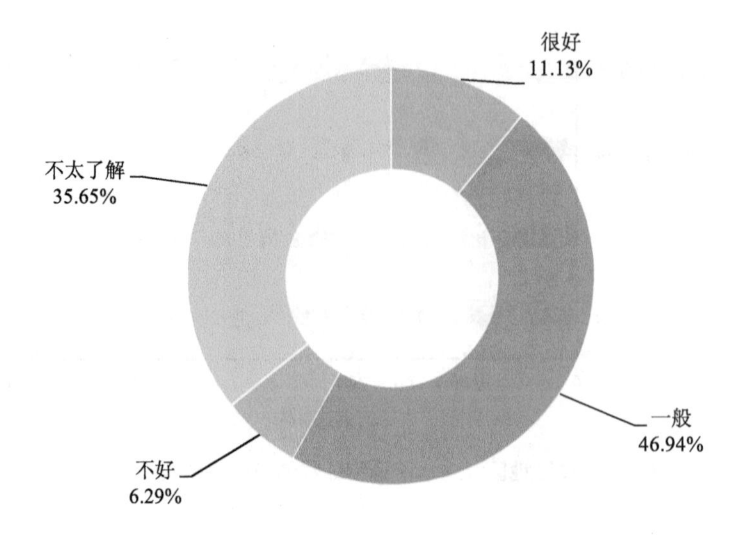


图 7-9 实施水污染物排污交易在京津冀地区推进情况

对于企业是否会积极参与水污染排污交易，超过 50%的居民认为不好说。

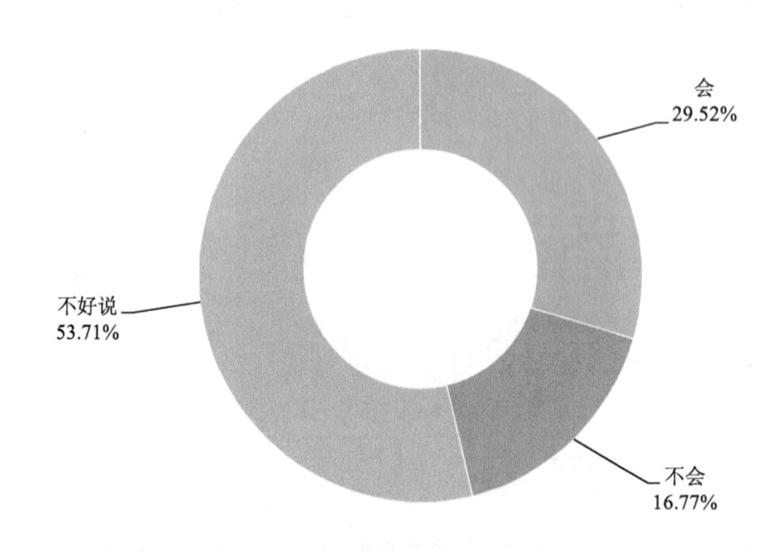


图 7-10 认为企业积极参与水污染排污交易情况

79.84%的居民认为津冀地区实施水污染排污交易的制约因素主要为管理体系，77.1%的居民认为是市场环境，认为主要因素是法律法规和技术现状的分别为 69.19%和 61.13%。这体现了在居民心目中，政府部门的重要性。

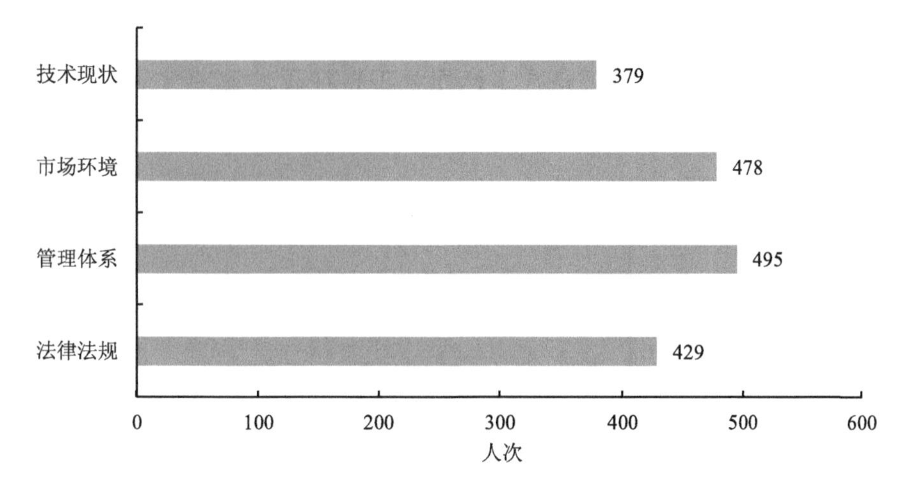


图 7-11　京津冀地区实施水污染排污交易的制约因素

超过 70%的居民认为，京津冀地区污水处理收费的主要问题在于污水处理运营机制不灵活，导致企业缺乏竞争意识和经营鼓励；认为问题在于污水处理收费计量方式按量不按质，影响公平性的人占 68.55%；认为问题在于环境保护税和污水处理费之间管理关系不清的人占 66.77%；不足 50%的居民认为，问题在于标准过低。

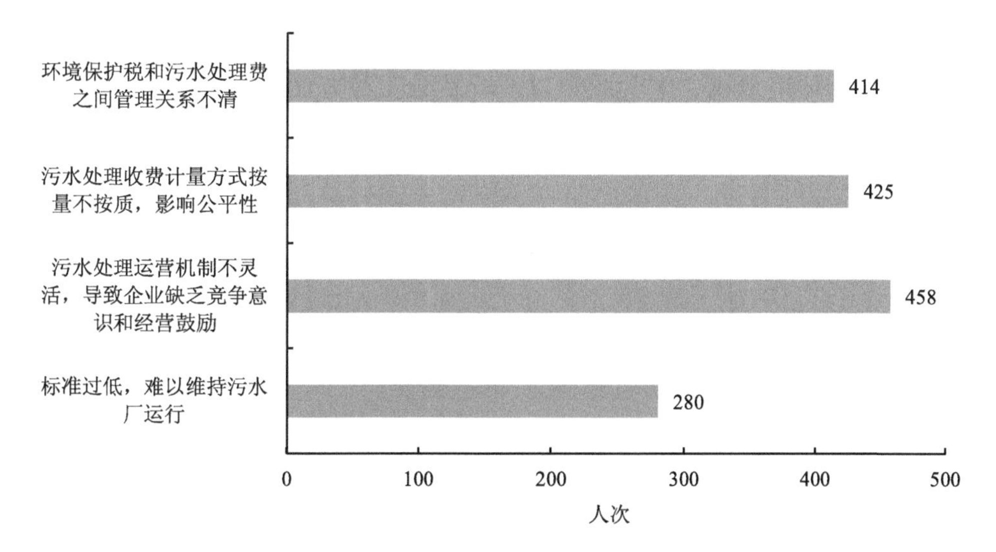


图 7-12　京津冀地区污水处理收费问题情况

对于京津冀地区污水处理收费改革，将近 80%的人认为，重点在于按照污染程度制定分类收费标准；70.48%的人认为，需要从市场化角度制定收费标准；54.03%的居民认为，重点在于污水处理费征收与管理。从这个结果来看，多数居民已经意识到，未来改革的重点不在于如今实行的征收和管理，而在于新标准的制定和实施。

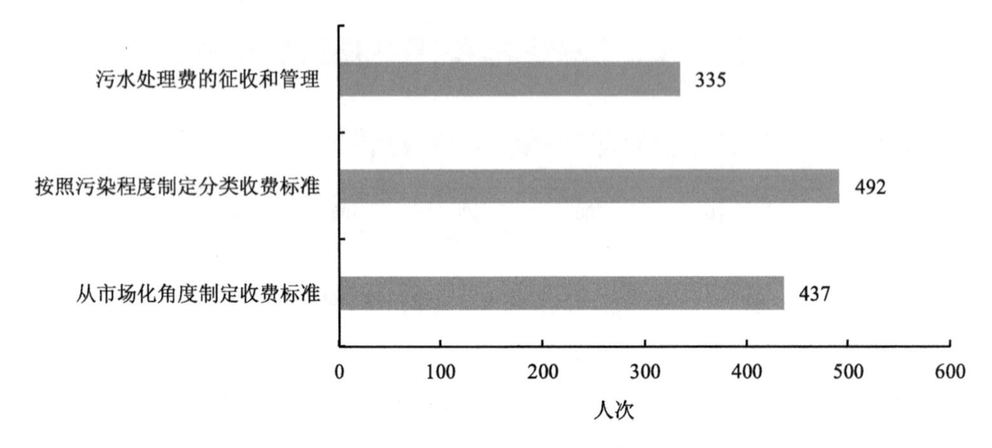


图 7-13 京津冀地区污水处理收费改革的重点

关于公共财政政策，居民对于选项的选择较为平均，基本维持在 70%和 60%两个数字，这在一定程度上可以看出两个问题，即目前公共财政政策的弊端较多，且居民对于公共财政政策的了解程度不高。可以看出，目前主要弊端在于政府环境事权、配套政策以及职责分工等方面。

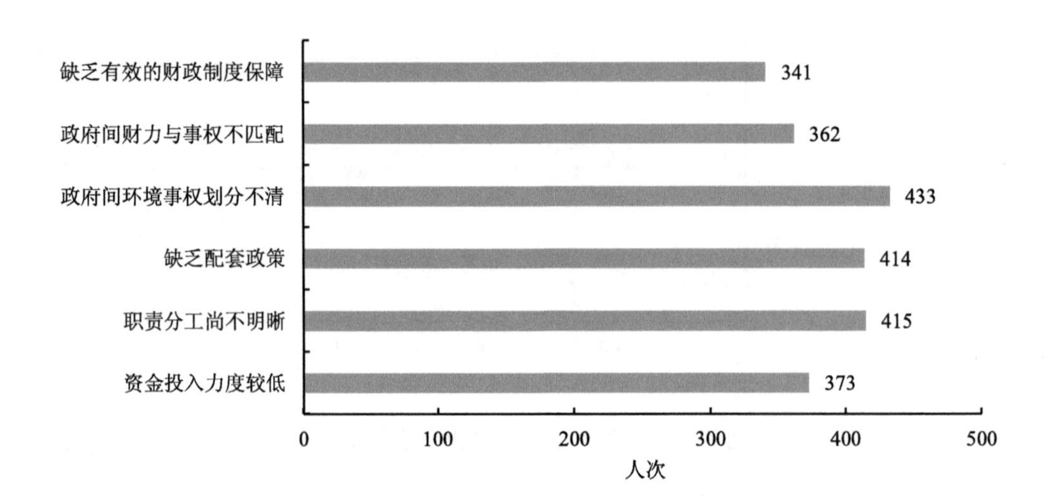


图 7-14 京津冀地区公共财政政策的弊端情况

对于公共政策实施建议，京津冀地区居民的选择与上一题呈现出较为一致的情况，即选项的占比较为平均。但可以看出，居民还是更倾向于建立水环境保护专项资金机制，合理安排支出方向。

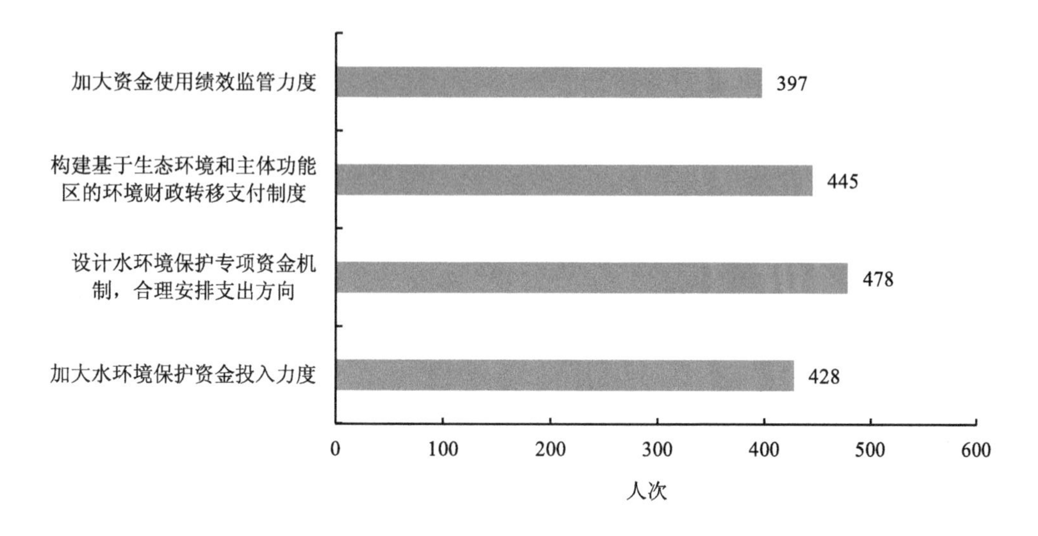


图 7-15　对京津冀地区公共财政政策的实施建议情况

在生态补偿机制选项中可以清楚看出，超过 80%的居民不了解密云水库水源涵养区生态补偿机制和引滦入津上下游横向生态补偿机制。

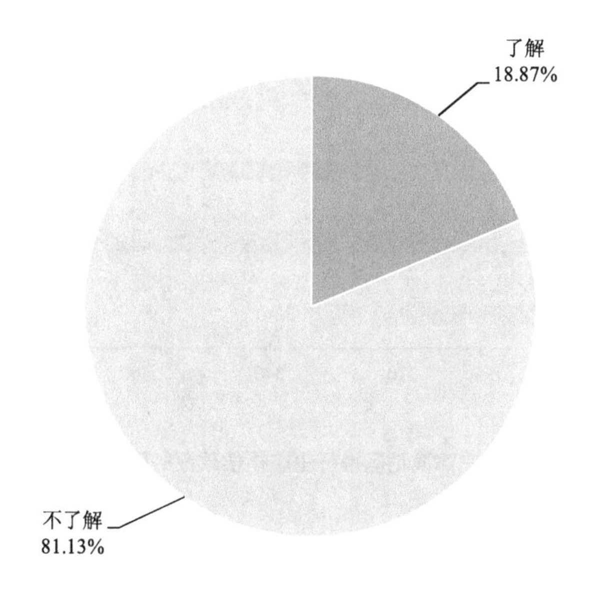


图 7-16　对京津冀地区生态补偿实施了解情况

在生态补偿政策是否有成效方面，有超过 50%的人不了解，37.1%的居民认为是有成效的。

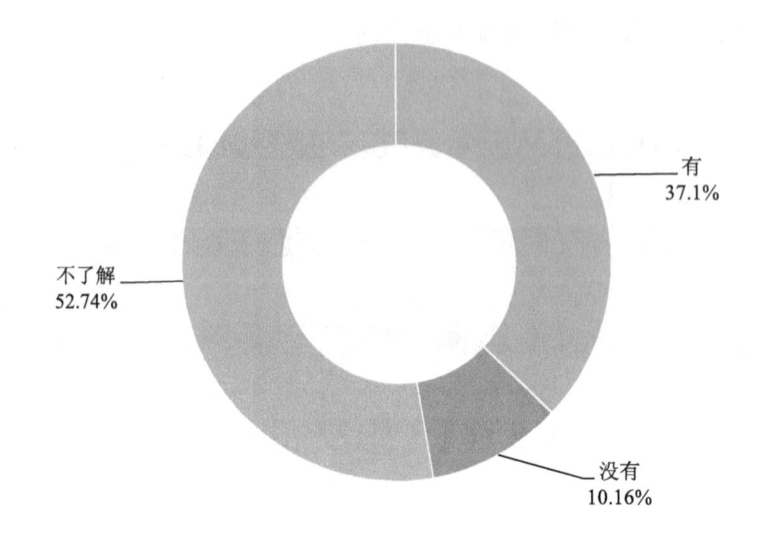


图 7-17 在京津冀地区实行的跨界区域生态补偿政策成效性

对于推行生态补偿政策的困难之处，由于本次调研的居民大多不了解生态补偿政策，本题中也出现了选项较为平均的情况，选项大多为 50%～60%。

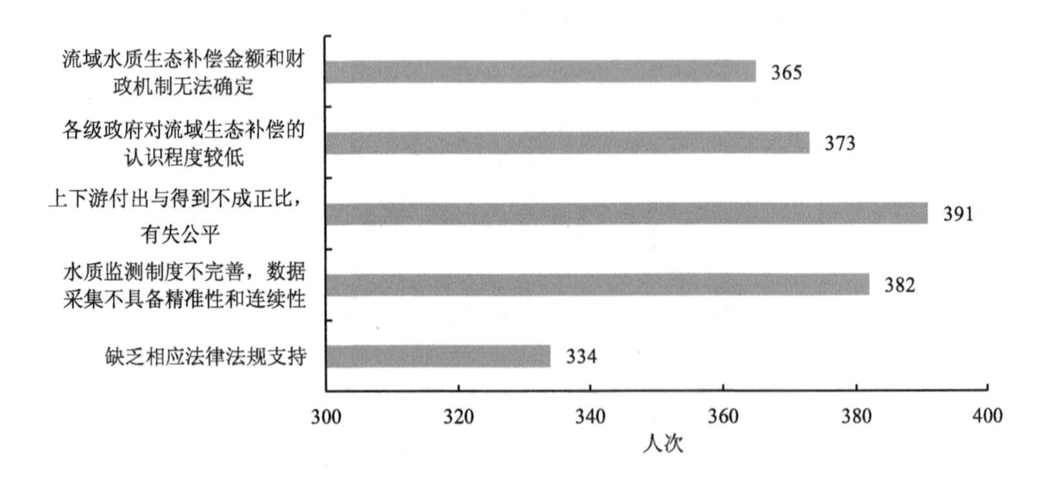


图 7-18 京津冀地区推行生态补偿政策的困难性

将近 80%的京津冀地区居民赞成在三地水污染防治中引入政府与企业合作的模式，而 15.97%的居民认为不好说。说明大部分居民比较认可政府与企业合作的模式。

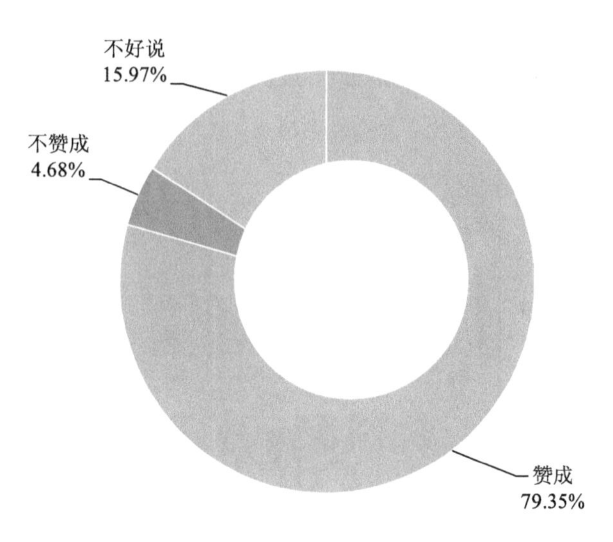


图 7-19　京津冀地区水污染防治中引入政府与企业合作的模式赞成情况

超过 85%的居民认为，政府与企业合作的优点在于扩大融资渠道，解决水污染治理投资长期不足的弊病；将近 75%的居民认为，可以有效提高污水处理设施的运营效率；超过 60%的居民认为，可以节约成本，减少建设项目资金使用。目前，京津冀地区居民认为，政府和企业合作模式最大的好处就是，可以扩大融资渠道，提高用于水环境管理的资金水平。

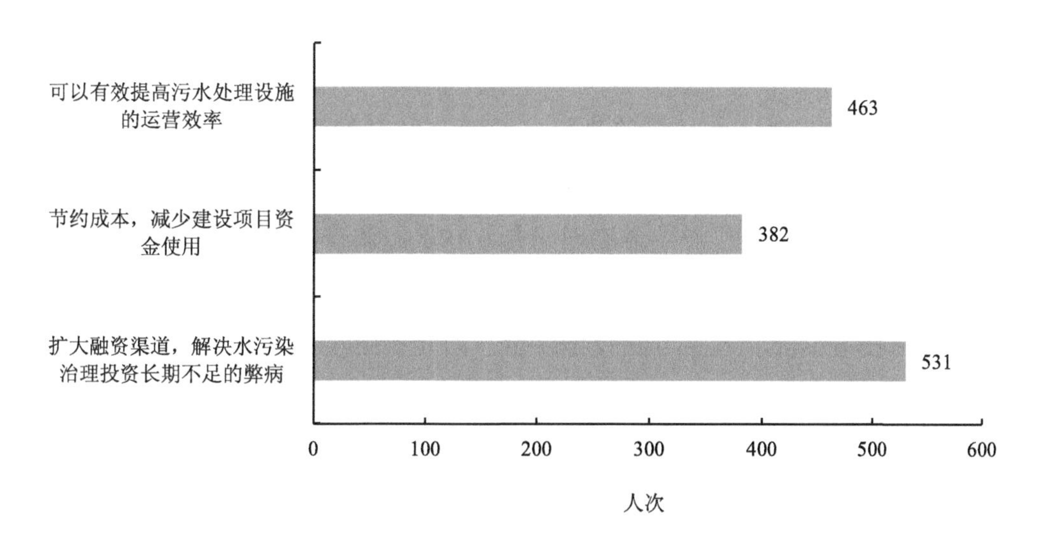


图 7-20　政府与企业合作的优点情况

实行政府与企业合作的建议方面，超过70%的居民认为，需要尽快建立运营监管体系，推进市场化改革的法治化，保证合作连续性，给市场提供预期；65.48%的居民认为，需要加强配套机制建设。

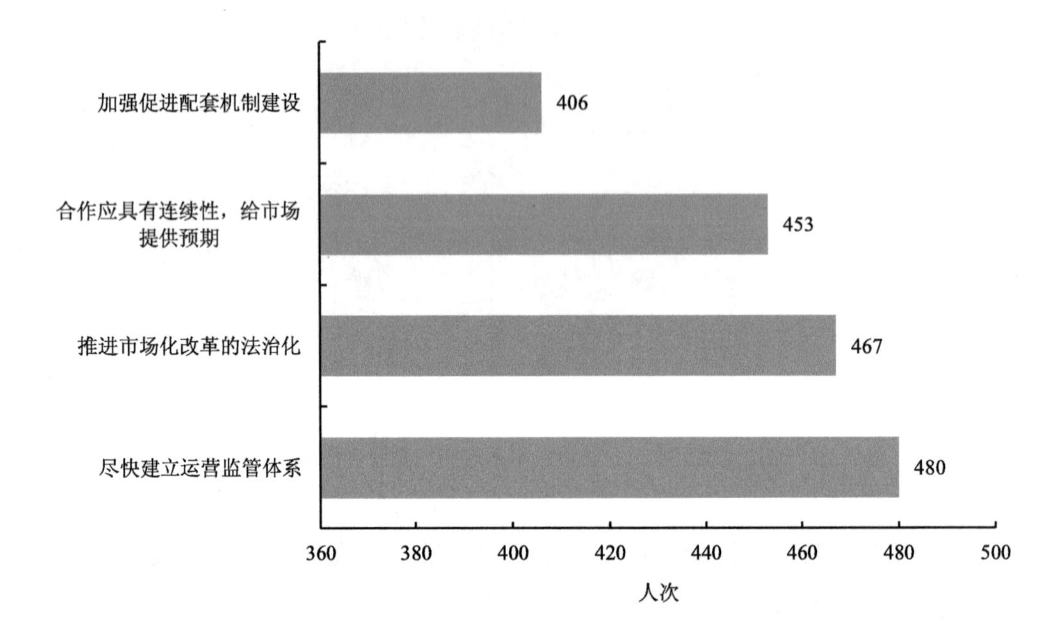


图 7-21 对实行政府与企业合作的建议情况

## 7.2 京津冀地区水环境管理社会治理问卷调查

本次京津冀地区水环境管理经济政策与社会治理调查评估采用线上线下相结合方式，范围涵盖北京市、天津市、河北省，在京津冀地区，共发放京津冀地区水环境管理与社会治理问卷670份，调查覆盖了生态环境主管部门、高校、科研院所、企事业单位等不同职业、学历和收入的人群。其中，北京市回收161份，天津市回收167份，河北省回收342份。

（1）京津冀地区基本情况统计分析

从样本的基本情况来看，在被调查者中，机关和事业单位工作人员占49.4%，企业员工占31.94%，个体从业人员占4.93%，农户占4.78%，学生占6.12%，其他占2.84%。

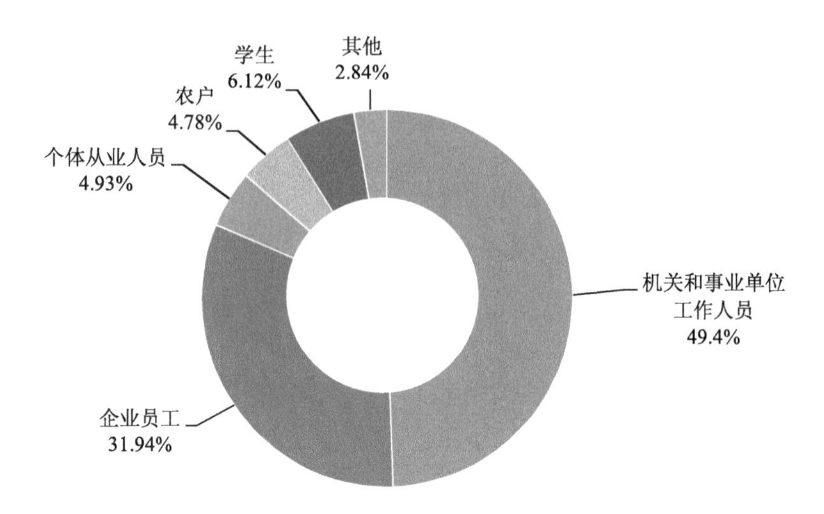


**图 7-22　京津冀地区水环境管理与社会治理问卷被调查者身份情况**

填写问卷总人群中，有 70.3%的人从事或所学的专业与环保相关。

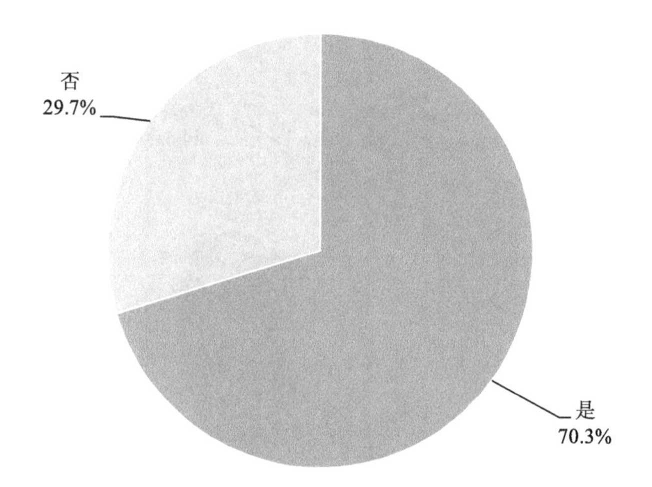


**图 7-23　京津冀地区水环境管理与社会治理问卷被调查者专业与环保相关情况**

男性占 62.24%，女性占 37.76%。

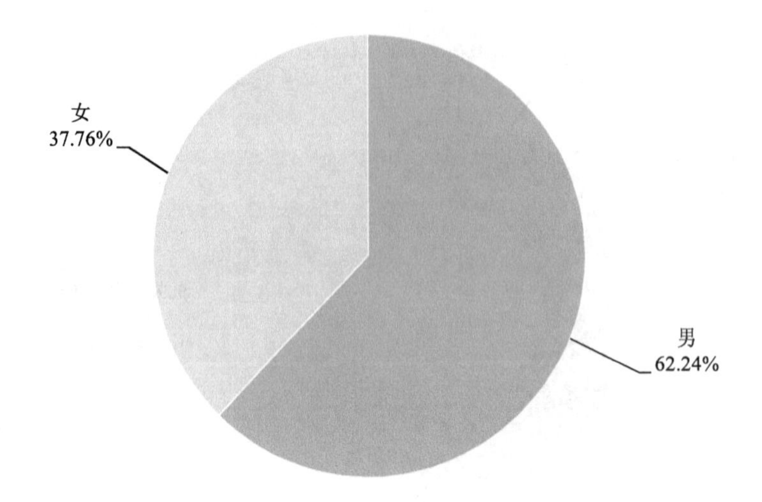


图 7-24 京津冀地区水环境管理与社会治理问卷被调查者性别情况

受教育程度中，大专及以下学历占比 14.63%，本科占比 23.58%，硕士占比 37.61%，博士占比 24.18%。

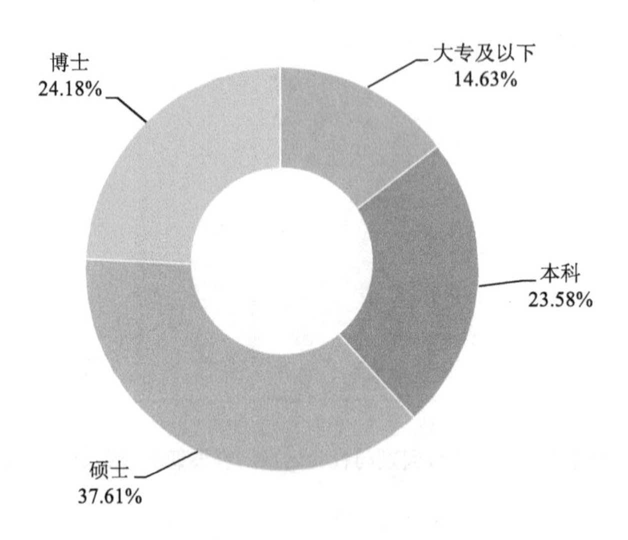


图 7-25 京津冀地区水环境管理与社会治理问卷被调查者学历情况

月收入中，3 000 元以下占比 8.81%，3 000～6 000 元占比 21.04%，6 000～1 万元占比 31.64%，1 万～2 万元占比 27.31%，2 万元以上占比 11.19%。

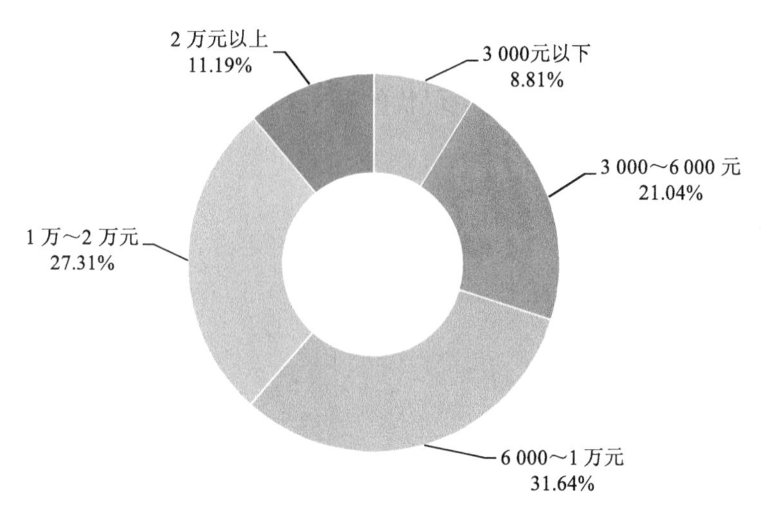


图 7-26　京津冀地区水环境管理与社会治理问卷被调查者月收入情况

（2）京津冀地区基本调查统计分析

在被调查人群中，认为京津冀地区水环境总体情况明显变好的人占 28.96%，认为有变好趋势的人占 57.76%，认为没有变化的人占 9.55%，认为有变差趋势的人占 3.43%，认为明显变差的人占 3.43%。调查结果基本显示出，目前京津冀地区对于水环境总体情况较为乐观。

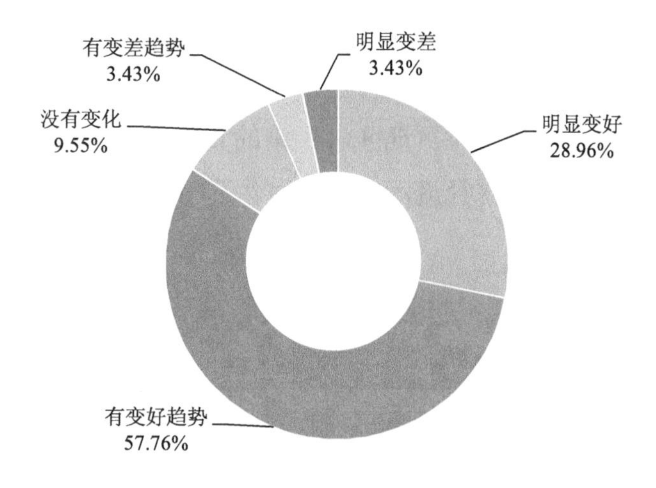


图 7-27　对京津冀地区水环境总体情况判断

在被调查人群中，对京津冀地区水环境现状满意的人占 11.64%，基本满意的占 50.15%，一般的占 30.75%，不满意的占 7.46%。目前，约有 60%的人对京津冀地区水环境现状较为满意，但还有40%人持一般和不满意的态度，也侧面表现出三地居民对于水环境现状的要求和标准。

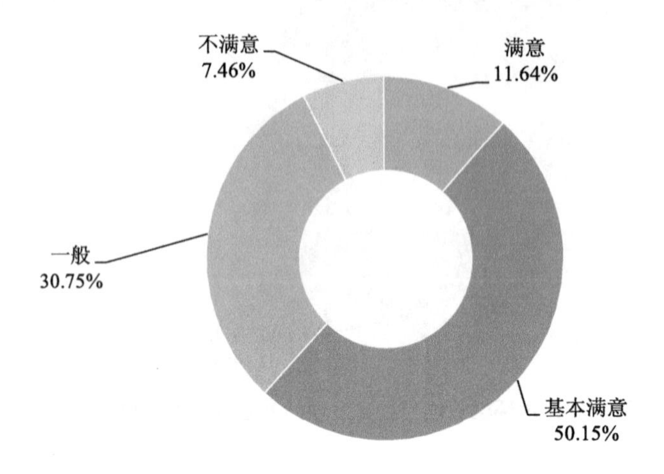


**图 7-28 对京津冀地区水环境现状评价情况**

在670个被调查人群中，认为京津冀地区水污染主要由工厂废水排放导致的人占80.3%，同时，认为生活污水排放导致的人占69.25%、认为农业废水排放导致的人占 41.79%、认为受其他地区污水影响的人占 18.06%、其他原因占 6.27%。通过本题目可知，目前大多数居民认为，三地水污染的直接因素与工厂废水和生活污水关系较为密切，而农业和其他地区对于水污染的影响较小。同时，在导致京津冀地区水污染的其他原因中，被调查人还列举了水资源自净能力差、雨水径流污染、土壤污染、政府监管等问题。

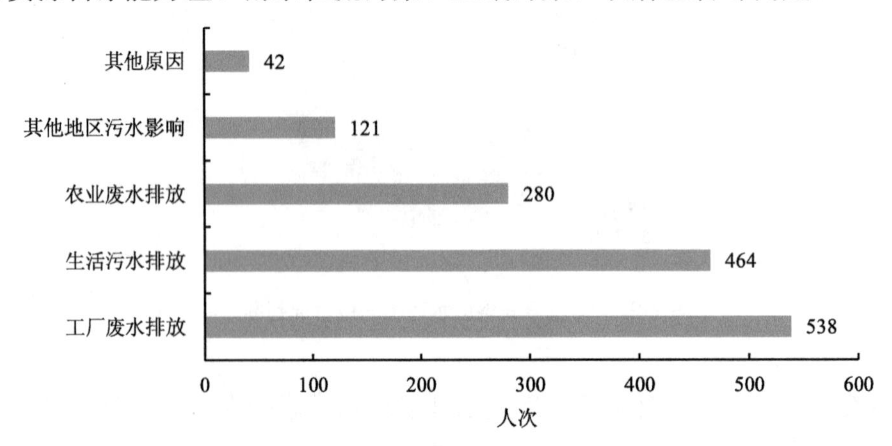


**图 7-29 京津冀地区水污染主要引起因素情况**

在被调查人群中，了解京津冀地区水环境管理政策的人占 8.81%，基本了解该政策的人占 54.78%，不了解的人占 36.42%。可以看出，目前京津冀地区居民对于水环境管理政策处于不了解和基本了解的阶段，在一定程度上表明，水环境管理政策的普及度较低。

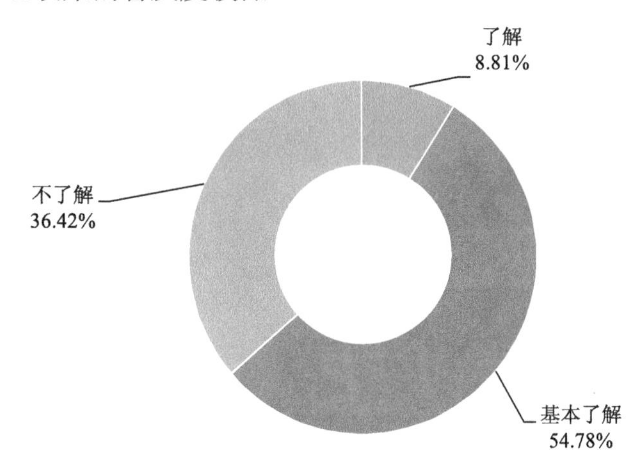


图 7-30　对京津冀地区水环境管理政策了解情况

在被调查人群中，认为京津冀地区的水环境保护政策已经起到了重要作用的人占 31.49%，认为起到了一些作用的人占 64.78%，认为没有起到重要作用的人占 3.73%。这表明，京津冀地区居民对于水环境管理政策的实施比较认可，并且肯定其作用。

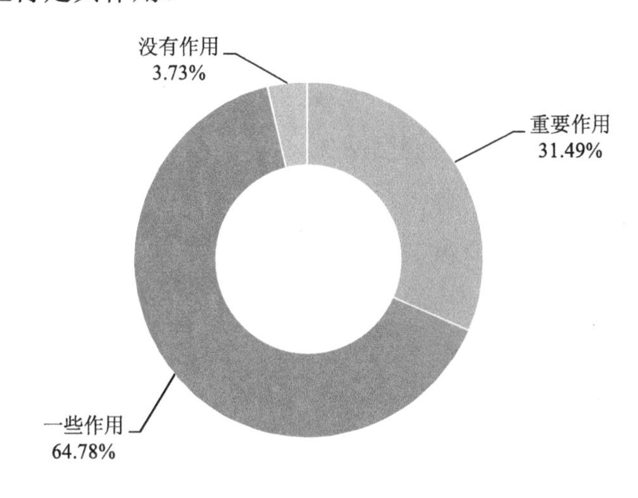


图 7-31　京津冀地区的水环境保护政策作用情况

对于水环境管理政策重要性的排序方面，法律法规手段得分 3.58，市场经济手段得分 2.44，公众参与手段 1.98，自愿手段 0.79。京津冀地区居民认为，水环境管理的重点还是政府部门实施的法律法规手段，而对于自愿性水环境管理持怀疑态度。

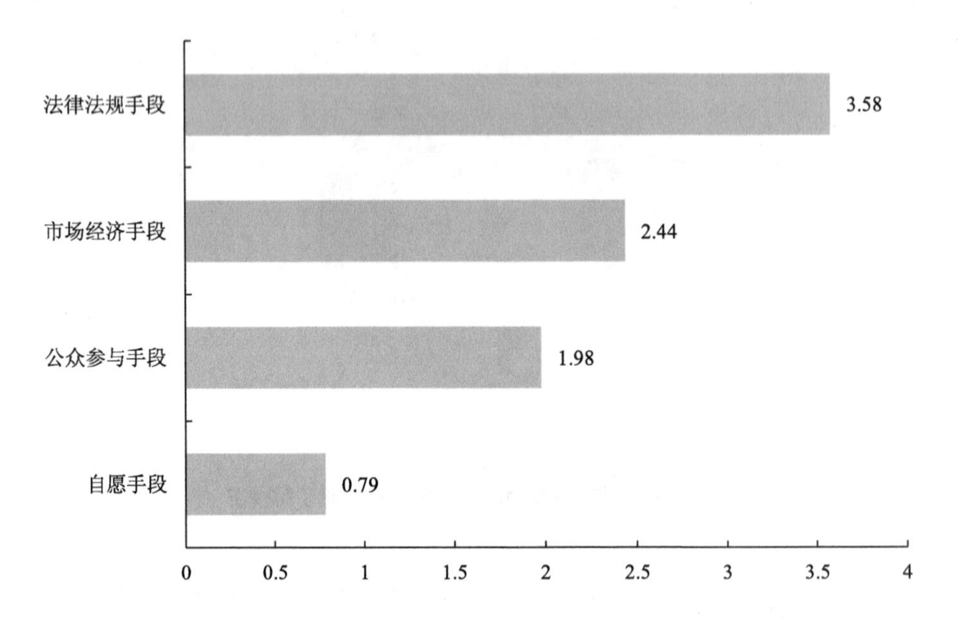


图 7-32 水环境管理政策重要性情况

（3）京津冀地区水环境管理与社会治理调查统计分析

对于京津冀地区水环境管理中的问题严重性的排序方面，京津冀地区三地规划、标准不统一，得分 2.88；流域管理与行政区域管理间责权事权存在交叉，得分 2.73；各级部门考核制度缺失，缺乏管理部门考核制度，得分 1.93；公众参与机制亟待建立，得分 1.62。因此，对于京津冀地区居民来说，水环境管理最大的问题在于京津冀三地差异。同时，本题目的排名也表明，居民认为公众参与机制相对于其他问题来说，作用较小。

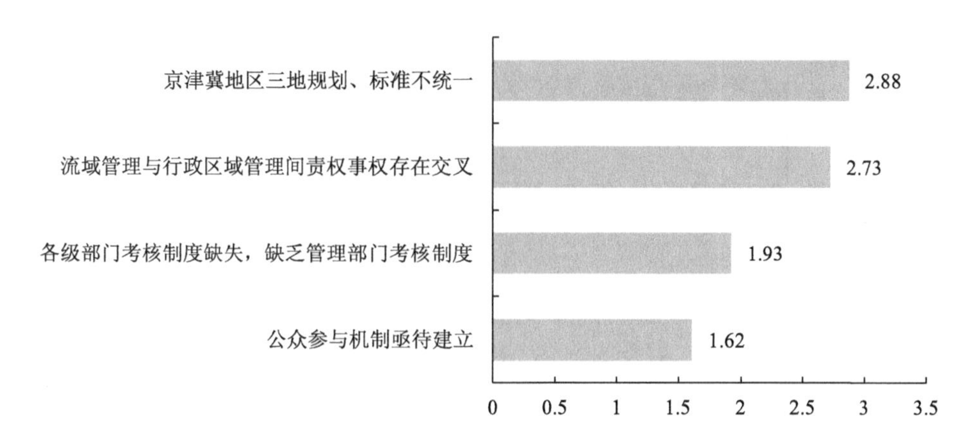


图 7-33　京津冀地区水环境管理中的问题的严重性情况

在被调查人群中，只知道水环境管理中水污染行动计划、排污许可证制度的人有 412 人，占 61.49%，比例较高；完全了解和不了解的人分别占 19.1%和 19.4%。这表明，京津冀地区居民对于水环境管理政策的了解程度不足。

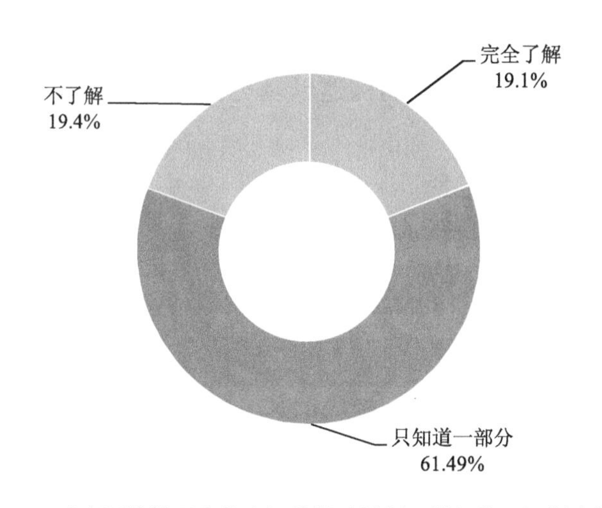


图 7-34　对水环境管理中的水污染行动计划、排污许可证制度等了解情况

从法律制度层面来说，在 670 个被调查人群中，有 82.9%的人认为，目前水污染的原因主要是相关部门对水污染现象监管力度不足；同时，有 81.34%的人认为，相关人员和企业也有一定影响；而认为主要原因是公民守法意识差的只有 68.21%。可以看出，目前京津冀地区居民认为，问题主要在于政府和企业层面。

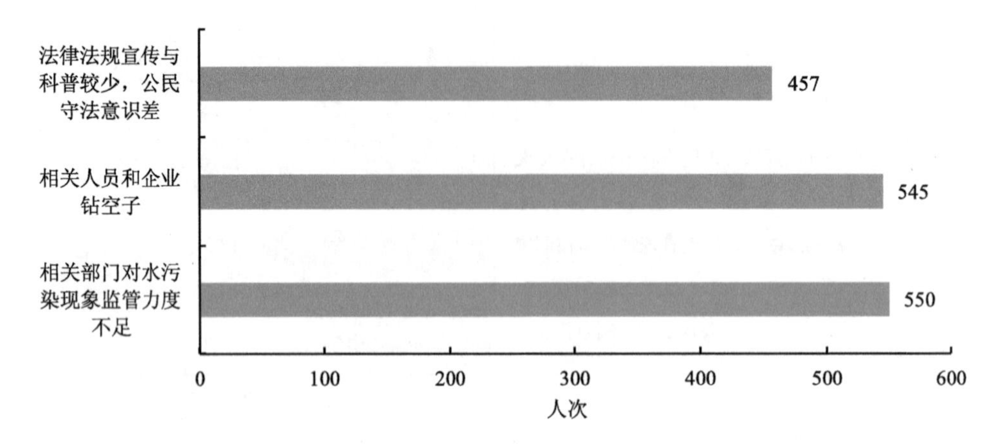


**图 7-35 京津冀地区水污染现象在法律或制度层面造成的原因**

此外，对于法律制度的实施，大部人认为，目前要实现的目标主要在于改善水环境质量和控制排污总量，二者占比分别为 73.88%和 64.03%，而其余三个选项的占比都小于 50%。这在很大程度上说明，对于京津冀地区居民来说，水环境管理法律和制度的实施解决了准确而细致的问题，但是对于实现更深层次的目标，如整个体系的构建以及可持续发展，还有缺失。

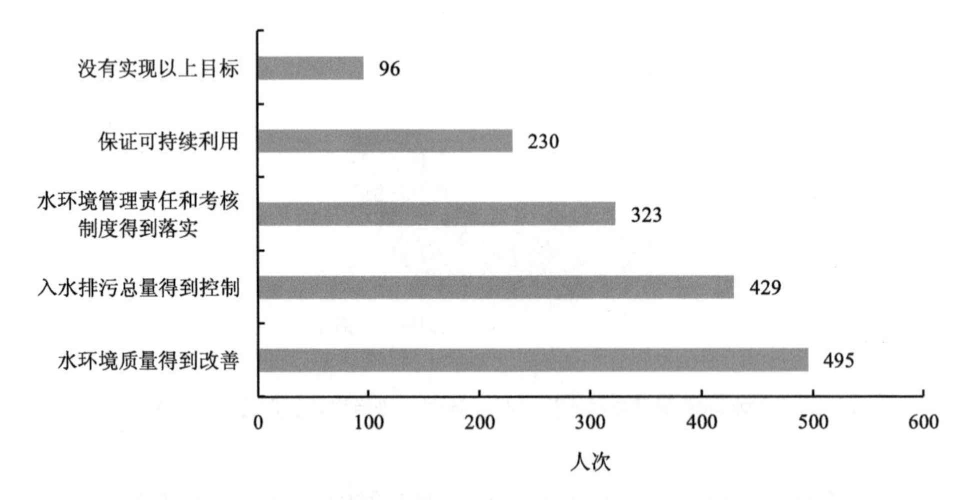


**图 7-36 水环境管理法律和制度的实施在京津冀地区实现目标情况**

在 670 个被调查人群中，有 43.13%的被调查居民认为，目前三地的水价合理；而 40%的居民认为，目前地区水价不好说；16.87%的居民认为，水价不合理。可以看出，目前京津冀地区的水价对于大多数居民来说，并不是很满意，但同时也应该考虑到，很多受访者对于具体水价的计算标准不清，导致无法做出较为准确的评价。

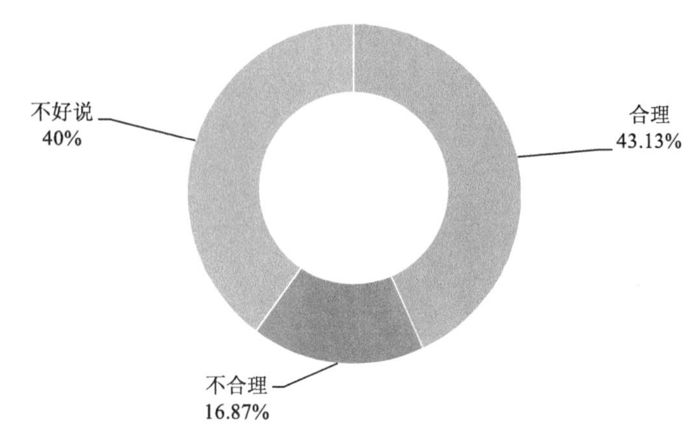


图 7-37　京津冀地区的水价合理性情况

在水环境管理中的科学技术方面，水环境监测技术和污水处理技术均取得了 3.61 分，污水回收与利用 2.94 分，3S 技术 2.4 分，现代信息技术 1.63 分。因此，从目前科技发展来看，解决水污染问题最重要的技术还是基本的监测与处理技术，而居民对于采用更深层次的技术解决当下水污染问题并不认可。

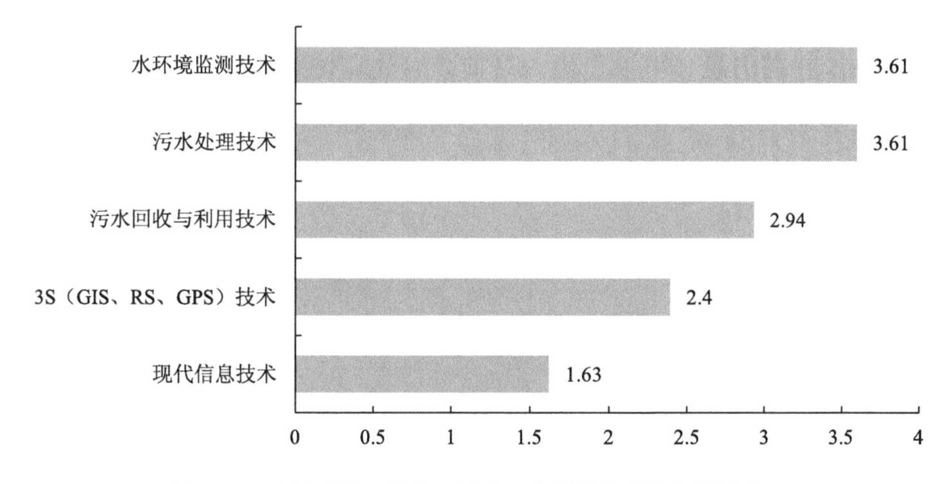


图 7-38　京津冀地区的水环境管理中科学技术的有效性情况

在完善水环境管理中的智能化方面，84.03%的居民认为，有必要在京津冀地区完善水环境管理信息系统；10.15%的居民认为一般；3.88%的居民认为，要看出资方式；1.94%的居民认为没有必要。结合上一问题来看，尽管目前水环境管理智能化的有效性并不明显，但随着科技和水环境管理的发展，水环境管理信息系统的完善是非常有必要的。

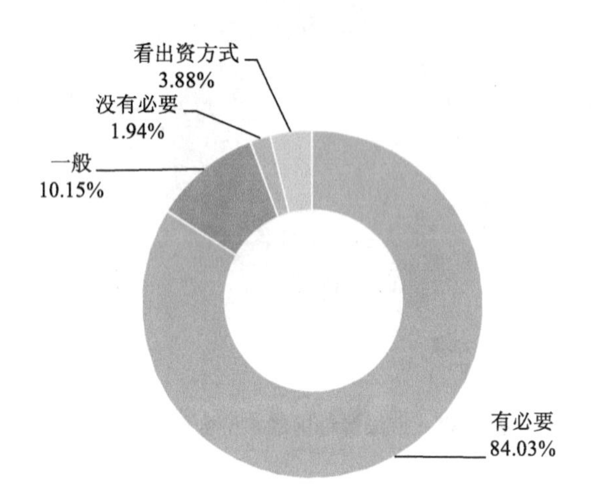


**图 7-39 京津冀地区水环境智能化管理必要性情况**

目前，72.24%的京津冀地区居民是通过电视、广播、网络媒体、报纸杂志等关注水环境管理的信息，47.91%的居民通过学校、工作单位或居住社区的普及教育活动关注，35.57%的居民通过朋友和同事关注，10%的居民几乎没有关注过相关消息。可以看出，目前政府的宣传工作是起到一定效果的，较多的人能通过媒体及活动关注到水环境管理信息，但与此同时，仍有 10%的人几乎没有关注过类似的消息。

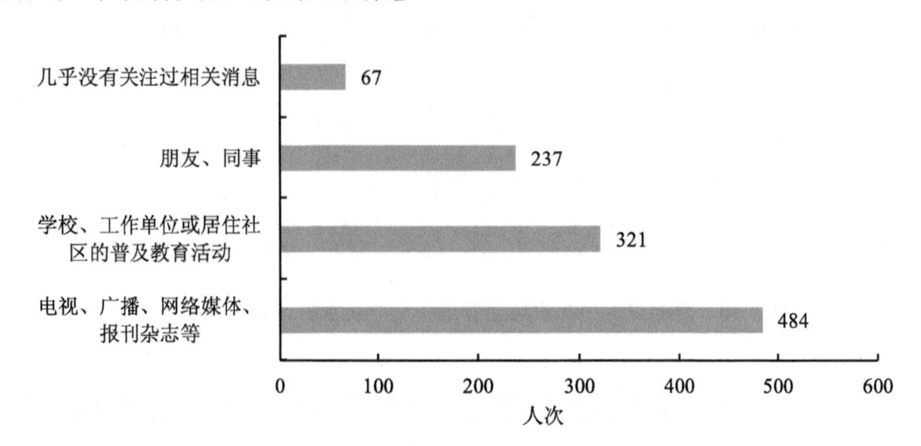


**图 7-40 关注有关水环境管理信息的渠道情况**

关于检举损害水环境行为的渠道，目前了解相应渠道的人只有 30.15%，而且了解渠道集中在举报热线方面，对于其他渠道了解较少。同时，69.85% 的人并不了解相关渠道。可以看出，对于检举违法行为来说，公众了解甚少，也反映了参与度较低。

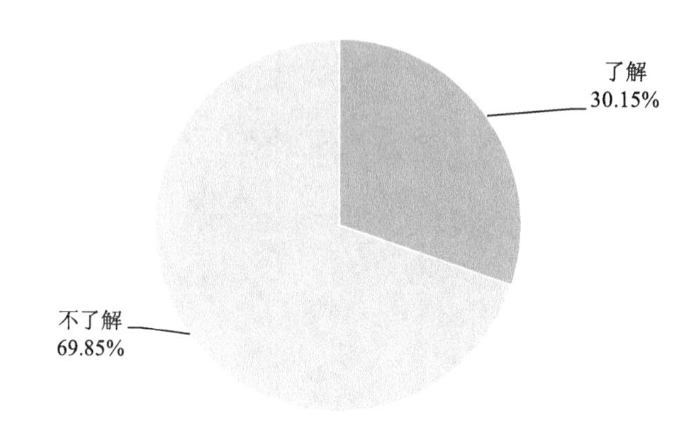


图 7-41　了解检举损害水环境行为的渠道情况

而在参与水环境管理相关活动，提出建议或诉求方面，超过 50%的居民几乎没有参与过相关活动，38.66%的人只是偶尔参与，只有 9.85%的人经常参与。考虑到本次问卷的调查对象中，专业为环境的居民以及事业单位人员较多，参与人数的比例相对于普通居民来说应该会高一些。因此，三地居民参与水环境社会治理是较少的。

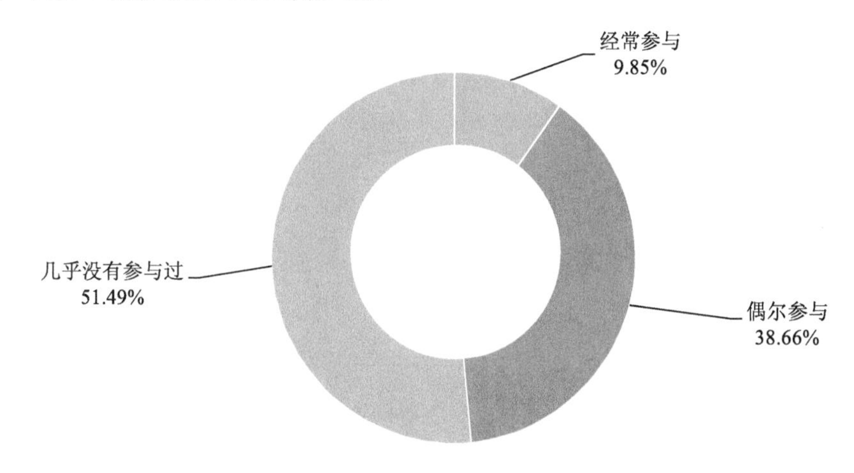


图 7-42　参与水环境管理相关活动情况

根据本次调查，有 96.87%的居民认为，京津冀地区需要进一步加强水环境保护的宣传活动，以促进公众参与；只有 3.13%的人认为不需要。可见，目前三地居民普遍希望有关部门能够加强水环境保护的宣传工作。

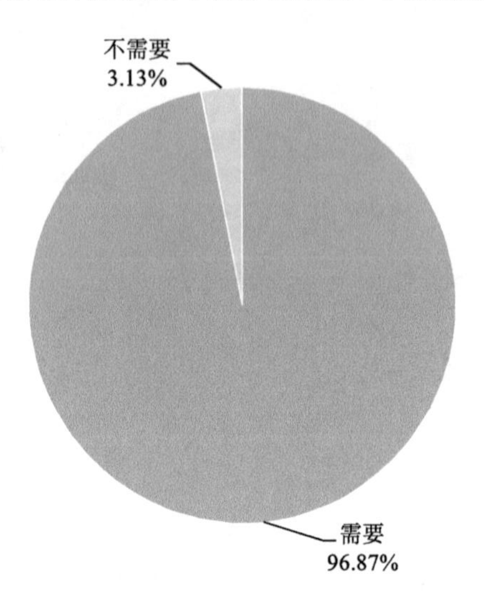


图 7-43 加强水环境保护宣传的需要情况

（4）京津冀地区水环境管理与社会治理总结统计分析

94.03%的居民认为，作为京津冀地区的居民，对于水环境管理有责任。

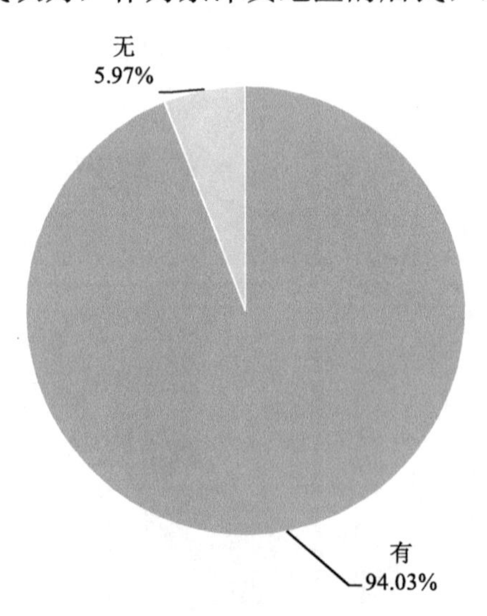


图 7-44 京津冀地区居民对于地区水环境管理责任情况

超过 60%的居民认为政府在水环境管理中责任最大，而 37.01%的居民认为企业责任最大。

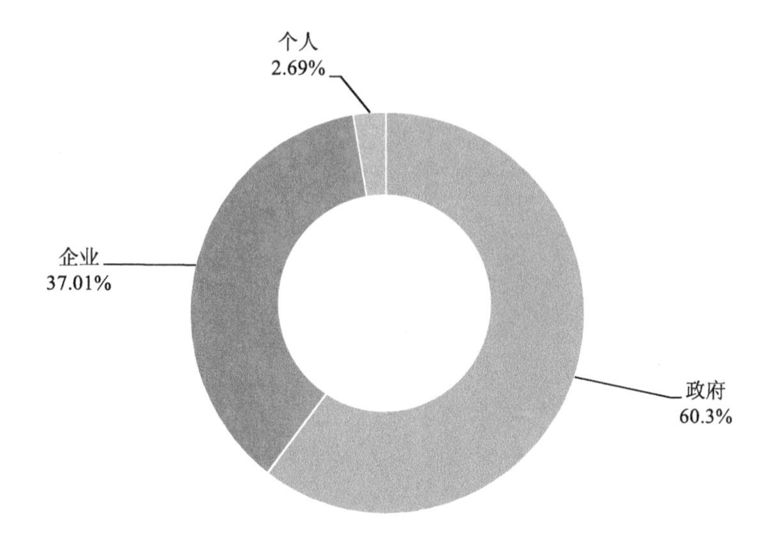


图 7-45　水环境管理中责任情况

71.19%的居民认为政府在水环境管理中作用最大，24.63%的居民认为企业在水环境管理中作用最大，4.18%的居民认为个人作用最大。

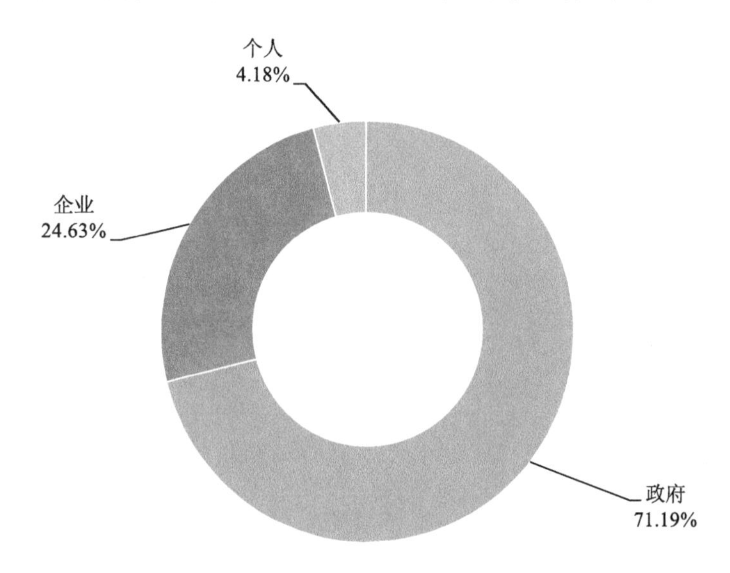


图 7-46　水环境管理中作用情况

超过 90%的居民不了解其他两个地区的水环境管理情况，而对于了解的人来说，渠道主要在于网络、工作和学术上的交流。也就是说，对于不从事相关专业工作的居民来说，了解其他两个地区信息的渠道较少。

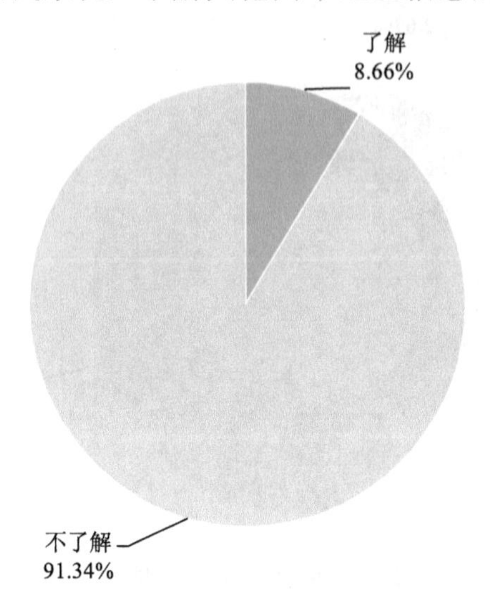


图 7-47　对其他两个地区水环境管理了解情况

超过 95%的居民没有参与过其他两个地区组织的水环境管理活动，而对于参与过的居民来说，参与渠道主要是工作与学术会议。也就是说，对于不从事相关专业工作的居民来说，参与其他两个地区水环境管理活动的渠道较少。

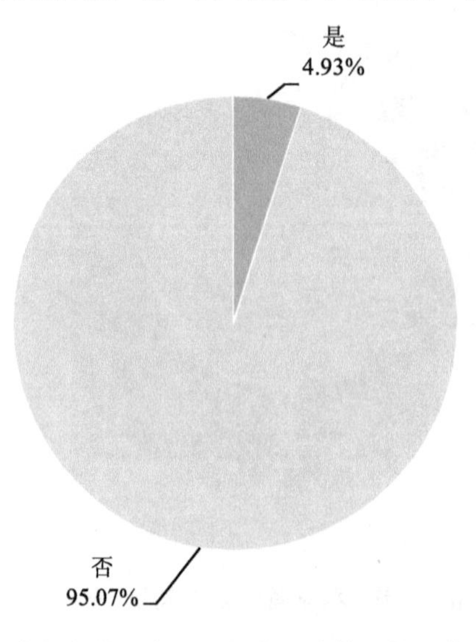


图 7-48　参与其他两个地区的水环境管理的相关组织或活动情况

81.49%的居民认为京津冀地区有必要实行水环境管理一体化，12.69%的居民认为不好说，5.82%的居民认为没必要。这体现了三地居民对于水环境管理一体化的认可。

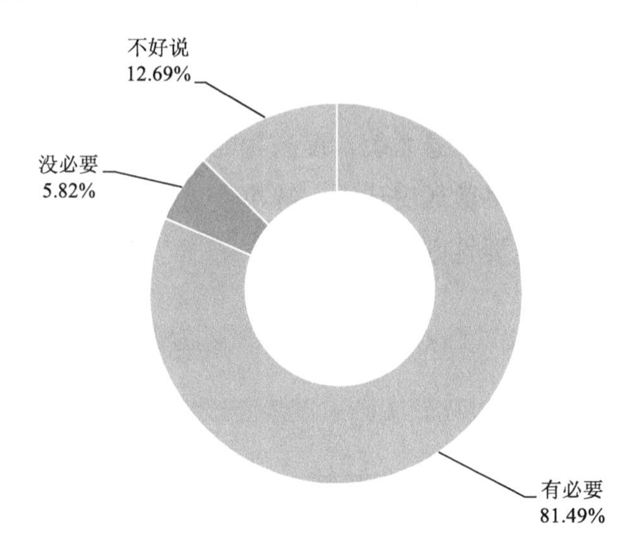


图 7-49　京津冀地区实行水环境管理一体化必要性情况

87.91%的居民认为有必要在京津冀地区实行水污染联防联控，8.66%的居民认为不好说，3.43%的居民认为没必要。这体现了三地居民对于京津冀地区实行水污染联防联控的认可。

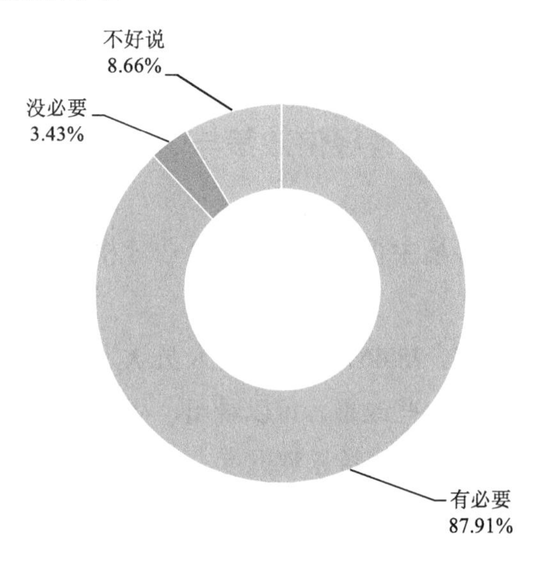


图 7-50　京津冀地区实行水污染联控联防必要性情况

对于解决京津冀地区水环境问题的有效途径，超过90%的居民认为，建立完善一体化水环境管理机构、制度和法律法规较为重要；73.43%的居民认为，加大宣传力度，积极推动水环境社会治理模式较为重要；有79.55%的居民认为，深化经济政策改革与创新，为水环境管理提供保障；有78.36%的居民认为，提高污水处理技术，为水环境管理提供技术支持；有73.43%的居民认为，建设新型水环境管理信息系统，提高智能化水平建设新型水环境管理信息系统。可以看出，大多数居民认为，解决水环境问题的关键在于政府管理部门，而社会治理的重要性则较弱。

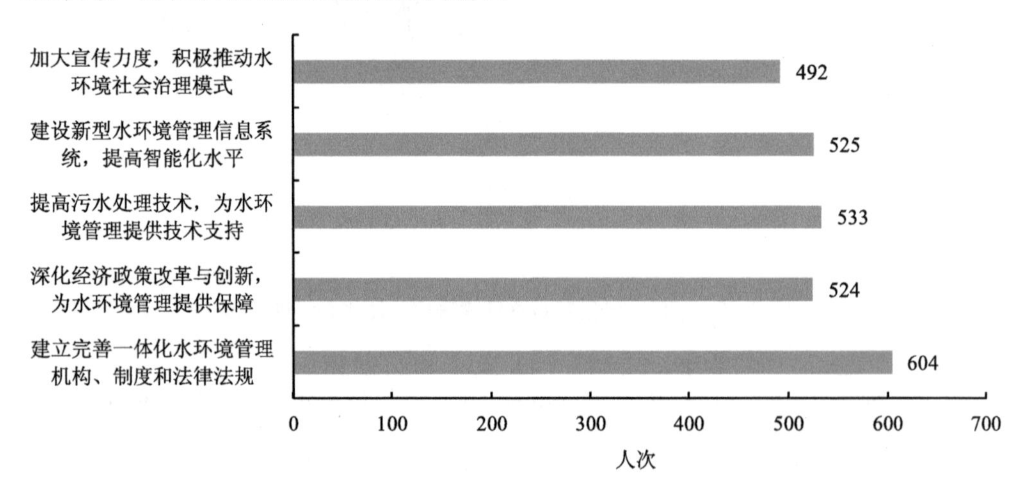


**图 7-51 解决京津冀地区水环境问题的有效途径情况**

## 7.3 京津冀地区水环境管理经济政策与社会治理走访调查

对京津冀地区生态环境主管部门、排污企业等相关人员进行走访，访问人员65人。

对于目前水环境现状，78.46%的被访问人员认为水环境是有明显改善的，21.54%的被访问人员认为有些改善。可以看出，从事与水环境管理和研究相关的人员，普遍对水环境的发展持乐观态度。

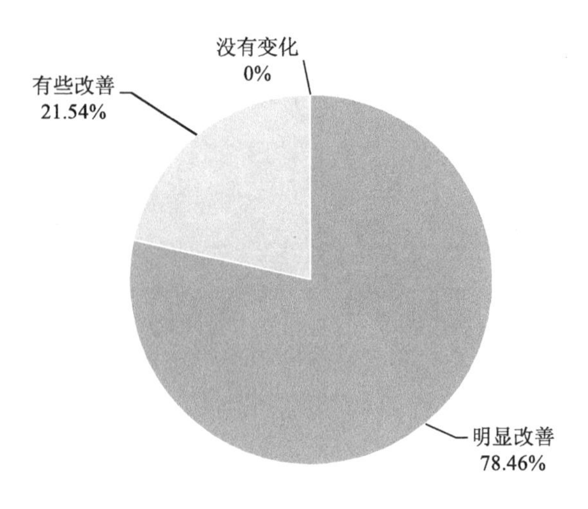


图 7-52　水环境管理以后水环境改善情况

对于作用方的认识，89.23%的被访问人员认为，在水环境管理中起到明显作用的是政府，而认为是个人的只占到了 1.54%，认为是企业的占比将近 10%。可以看出，从事与水环境管理和研究相关的人员，普遍认为政府部门在整个水环境管理发展过程中是至关重要的。

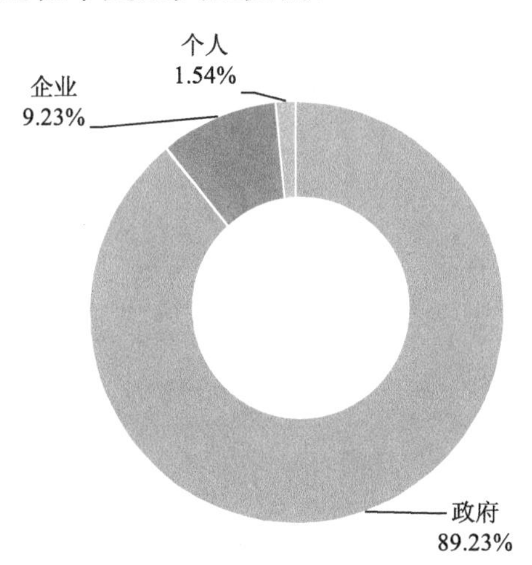


图 7-53　在水环境管理中主要作用情况

对于责任方的认识，企业的占比相对上升，30.77%的被访问人员认为水环境管理中，企业肩负主要责任；认为个人负主要责任的占比也有所上升，达到了 4.62%；政府的占比将近 65%。可以看出，与从事水环境管理和研究相关的人员，依旧普遍认为政府部门在整个水环境管理过程中肩负主要责任，但是相对于作用方来说，认为企业和个人负主要责任的占比也有所上升。

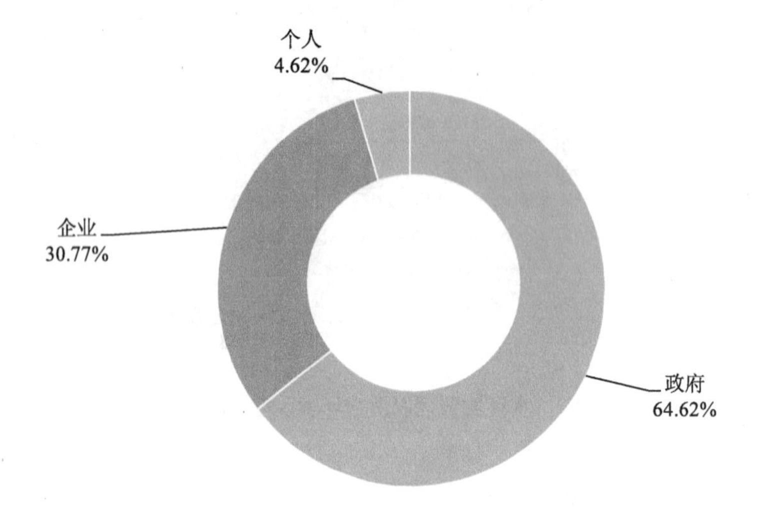


图 7-54 水环境管理中承担主要责任情况

对于水环境管理经济政策的实施及社会管理的参与是否满意这一问题，将近 90%的被访问人员对目前的状况表示满意，10%的人认为还需要改善。

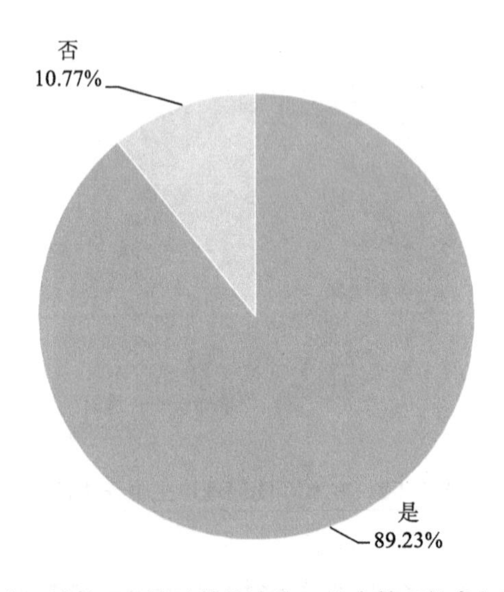


图 7-55 水环境管理经济政策的实施及社会管理的参与满意情况

将近 75%的被访问人员认为，目前水环境管理经济政策推行困难的原因在于财政机制不完善、资金投入力度较小；认为主要问题在于没有完善的法律体系和配套体系以及没有严格监管体系、收费力度较小的，基本维持在 60%。

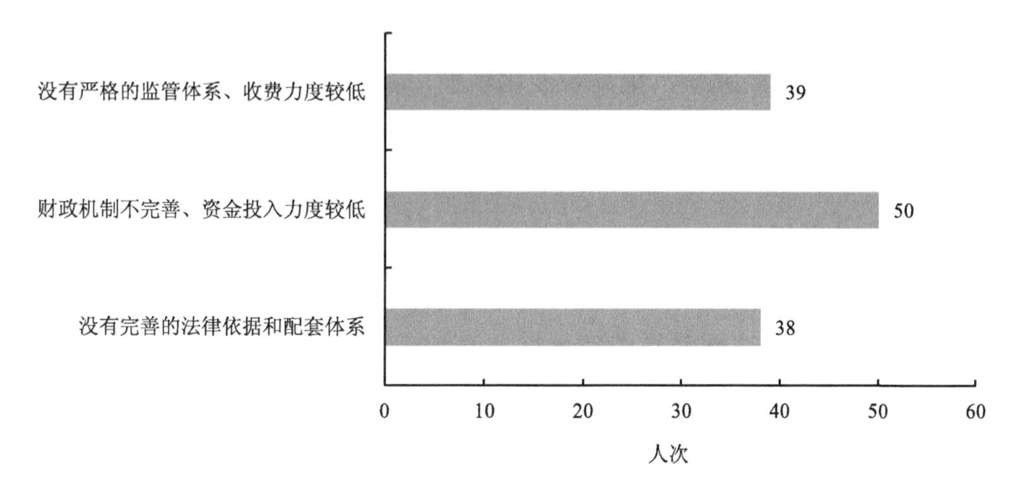


图 7-56　水环境管理经济政策实施困难情况

将近 75%的被访问人员认为，目前水环境管理社会治理参与度较低的原因在于公众缺乏参与水环境社会治理的渠道；66.15%的人认为，主要问题在于宣传力度较小，公众缺乏意识；而 43.08%的人认为，主要问题在于政府和企业没有担负起公开环境信息的责任。

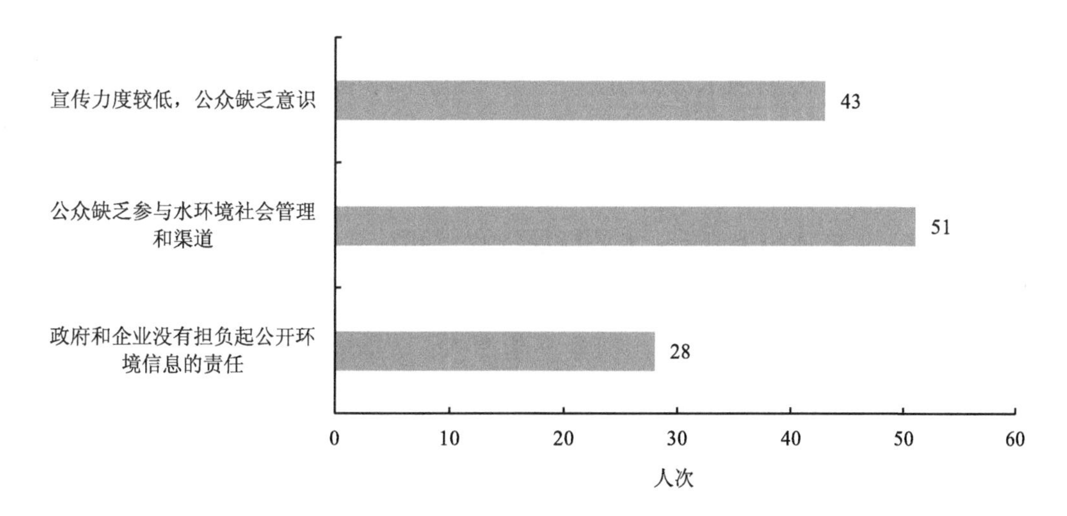


图 7-57　水环境社会管理实施的困难情况

对于解决京津冀地区水环境问题的有效途径，将近90%的被访问人员认为，主要方式是建立完善一体化水环境管理机构、制度和法律法规；83.08%的人认为，要深化经济政策改革与创新，为水环境管理提供保障，以及强化高污水处理技术，为水环境管理提供技术支持；超过75%的人认为，要建设新型水环境管理信息系统，提高智能化水平，以及加大宣传力度，积极推动水环境社会治理模式改革。

## 7.4 总结与结论

考虑到本次调查涉及京津冀地区水环境管理经济政策与社会治理两方面，内容较为专业，问卷和访问的对象集中于京津冀地区环境专业的人群、机关事业单位工作人员和企业员工。

通过调查可以看到，京津冀地区居民认为，三地水环境污染严重，经济发展面临下行压力，以往主要依靠地区政府行政力量进行水环境管理的模式已难以为继，需要不断加强社会治理。同时，主要依靠各级政府行政力量进行水环境管理的模式已难以为继，需要充分利用市场机制。因此，水生态环境保护部门应积极探索，除了要努力改进政府管制方法，加强市场调节，还要全面、系统、有计划、有步骤地开展环境社会治理工作，以便更加有效地应对地区当前严峻、复杂的环境和社会形势。水污染防治工作一直是环保工作的重中之重，为加强水污染防治工作，改善水环境质量，各级地方政府和有关企业都付出了艰苦努力，并投入了大量资金，使得部分水体的水环境质量有所改善。

因此，从总体趋势来看，水环境经济政策和社会治理受到了高度重视，并赢得了各地居民的认可。经过几年的努力，各种社会治理模式出现，制度不断完善，实践不断丰富，探索不断深入。从国家层面来讲，高度重视社会治理工作的推进。国家和各级地方政府在水环境治理的环境经济政策层面开展了诸多的工作，并在专项资金、价格政策、税费政策、生态补偿、环境服务合同等方面取得了积极的进展与成效，充分发挥了市场经济手段的作用，促进了行政手段和经济手段的综合运用和协同增效。

但是，推进区域水环境管理工作还面临一些深层次的问题。在社会治理方面，一是跨部门协调合作机制需大幅改进。在京津冀地区，由于缺乏专门的水环境社会事务管理部门来牵头，就导致相关合作缺乏长期性、系统性和可持续性，效果也极其有限。二是环境社会政策体系有待完善。在环境信息公开和服务、社会参与政府行动、环境社会服务、环境公益诉讼、环境社会对话、环境社会补偿等方面还有所欠缺。三是对环境社会风险缺乏有效预防和化解机制。目前京津冀地区实行的机制和方法还有待完善，缺乏有效的社会调查方法和风险评估方法，以界定社会风险源及风险概率，缺乏科学严密的评估程序、监督机制等。四是公众的环境知识和环境信息渠道还有待拓宽。总体上，在京津冀地区宣传规模不大，影响面不广，力度不够，宣教工作的针对性、专业性和连续性不高，难以对社区、农村、学校、企业、民众的环境宣传教育起到很好的支撑作用。五是环保社会组织数量和质量存在不足。在京津冀地区，环保组织数量少，且分布不均匀。而在经济政策方面，主要问题在于水环境管理经济政策体系不完善，缺乏反映资源与成本的水资源价格政策，流域生态补偿机制不健全，水污染防治项目 PPP 模式价格确定缺乏科学性等。此外，有些环境经济政策由于没有配套的措施，并没有起到预期的作用。

此外，通过线下访谈可知，对于整个管理层面和研究层面来说，目前实行较好的水环境管理经济政策主要是各种法律法规等具有强制性的政策和标准，而激励政策则要依靠企业和个人的自觉性。经济政策对于居民的影响相对不大，居民对于水环境管理参与度较低，还要依靠政府机构的引导和宣传。而对于企业的影响，重点在于营商环境的改变。现阶段经济政策存在的最大问题在于部门协调管理导致的“多龙治水”以及专项资金的需求和方向不匹配。未来发展的方向大概率是京津冀地区水环境管理的联防联控、水环境管理项目一体化以及农村地区的水环境管理建设。对于社会治理方向，京津冀地区居民对于污水治理缺乏直观感受，且涉及居民切身利益较少，因此呈现出居民参与度较低的情况。但政府机关部门也尝试了采用“日用品换购”“绿岗就业”等方式调动居民参与的积极性。未来京津冀地区水环境管理社会治理的发展可能在于水数据公开程度不断透明化、“邻避效应”的减免等，最终形成“抬头看天、低头看水”的良好环境社会治理方式。

把取得的进展与存在的问题综合起来看，水环境管理经济政策与社会治理的实施是很有意义且受欢迎的，但目前在水环境保护中的应用比较有限，效力发挥得不够。在水环境管理经济政策的设计上，一般通过两种路径来实现政策目标：一是通过经济的手段鼓励环境友好的行为，激励排污者选择减少污染排放的生产或生活方式；二是对环境不友好的生产或生活方式给予一定的经济处罚或制约，迫使其为避免经济利益的损失而转变环境行为，实现污染减排的目的。从本质上讲，无论何种经济手段，反映的都是如何在生产、经营和消费等环节实现环境成本内在化。在推进京津冀地区水环境管理社会治理工作中，应该坚持实事求是的原则，吸收发达国家在环境保护领域的法治经验，在环境立法上有更多的公众赋权，在治理过程中有更多的公众参与和协商，积极推动社会建设等方面的绿色化，建立健全部门间环境社会治理工作协调和协作机制，加快推动环境社会政策体系的建立和完善，推动环境矛盾预防和化解机制的建立和完善，推动环境知识和信息的传播，以及环境法规政策的宣传。

# 第 8 章　京津冀地区水环境管理经济政策体系构建

## 8.1　京津冀地区水环境管理经济政策进展

近年来，京津冀地区在水环境治理经济政策层面开展了诸多工作，并在专项资金、价格政策、税费政策、生态补偿、环境权益交易等政策方面取得了积极的进展与成效。

### 8.1.1　水污染防治专项资金

2021 年 6 月，财政部《关于印发〈水污染防治资金管理办法〉的通知》（财资环〔2021〕36 号）明确提出，防治资金重点支持范围包括：重点流域水污染防治、流域水生态保护修复、集中式饮用水水源地保护、地下水生态环境保护、水污染防治监管能力建设、其他需要支持的事项。早在 1999 年，国家设立了"三河三湖"、渤海碧海重点流域水污染防治国债专项资金，主要用于城市污水处理厂及污水主干管建设，辅以部分河湖清淤等综合整治项目。2007 年 11 月，国家设立了"三河三湖"及松花江流域水污染防治专项资金，专门用于流域水污染防治。"十三五"时期，中央安排水污染防治专项资金 762 亿元，其中，2020 年安排水污染防治资金 197 亿元（京津冀为 17.52 亿元）。2021—2022 年，中央水污染防治专项资金达到 452.8 亿元。

从近几年京津冀地区生态环境厅（局）组织开展水污染防治申报项目来看，水污染防治专项资金具有以下两个特点：

1）重点支持流域水污染防治、良好水体生态环境保护、饮用水水源地环境保护等水污染防治项目。如 2019 年 9 月，河北省生态环境厅发布《关于组织开展 2020 年度生态环保专项资金项目申报工作的通知》，水污染防治项目重点支持流域水污染防治、良好水体生态环境保护、饮用水水源地环境保护、地下水环境保护及污染修复项目；废水达标排放或技术改造、畜禽养殖污染治理等企业事权项目不予支持，单纯的河道清淤、防洪、调水、景观绿化、道路硬化、移民搬迁、楼堂馆所建设、车辆购置、工作经费类项目不予支持，对流域生态环境持续改善无影响或影响较小、绩效目标不明显的项目不予支持。

2）支持京津冀科技项目。2017 年，科学技术部发布《水体污染控制与治理科技重大专项 2017 年度项目（课题）指南》，就具体申报事项提出了具体要求。根据该指南，2017 年水专项新增了“京津冀地下水污染防治关键技术研究与综合示范项目（2017ZX07109）”，旨在为京津冀地下水污染防治提供科技支撑。该项目实施期限为 2017 年 1 月至 2020 年 12 月。中央财政资金预算不超过 1.5 亿元，采用前补助支持方式，地方配套资金与中央财政资金比例不低于 1∶1。

### 8.1.2 水资源价格政策

（1）阶梯水价

2013 年 12 月，国家发展改革委、住房和城乡建设部联合发布了《关于加快建立完善城镇居民用水阶梯价格制度的指导意见》，水价改革开始在全国范围内稳步推进。2021 年 8 月，国家发展改革委、住房和城乡建设部发布《城镇供水价格管理办法》和《城镇供水定价成本监审办法》，对完善城镇供水价格机制做出了框架性要求，同时要求各地制定出台具体办法或实施细则。

北京市自 2014 年 5 月实施城区居民阶梯水价一年后，户均用水量由调价前的 7.77 $m^3$/月下降至 7.60 $m^3$/月，同比下降 0.17 $m^3$。2022 年 11 月，北京市出台《北京市城镇供水价格管理实施细则》，明确了水费定价原则、方法、操作细则，要求居民生活用水实行阶梯价格制度，阶梯水价设置不少于三级，级差按不低于国家要求设置，第一阶梯水价原则上应当按照补偿成本的水平确定，并应当考虑本期生产能力利用情况。

天津市发布《关于居民用水实行阶梯水价的实施细则》，自 2015 年 11 月 1 日起，在市内六区、环城四区和静海区的“一户一表”居民用户实行阶梯水价。居民家庭全年用水量划分为三级，水价分级递增。第一级，户年用水量不超过 180 $m^3$，水价为每立方米 4.90 元；第二级，户年用水量在 181～240 $m^3$ 之间，水价为每立方米 6.20 元；第三级，户年用水量为 240 $m^3$ 以上，水价为每立方米 8.00 元。对家庭人口 4 人以上的，每增加 1 人，各级年用水量分别增加 36 $m^3$。

河北省于 2022 年 8 月发布《河北省城镇供水价格管理实施细则》，明确了水价制定和调整、水价分类及计价方式、定调价程序和信息公开等内容。阶梯设置分三级：第一级水量保障居民基本生活用水需求，原则上按居民家庭每户月用水量不超过 10 $m^3$ 确定；第二级水量体现改善和提高居民生活质量的合理用水需求，原则上按居民家庭每户月用水量不超过 15 $m^3$ 确定；第三级水量为超出第二阶梯水量的用水部分。一、二、三阶梯水价级差不低于 1:1.5:3 的比例安排。

阶梯水价的实施有效调动了居民节约水资源的积极性，建立阶梯水价制度是水价改革的基本趋势。此外，大部分城市已经实施非居民用水超定额、超计划累进加价制度。

（2）超定额累进加价

建立健全非居民用水超定额累进加价制度，是利用价格杠杆调节水资源利用、落实“节水优先”的重要举措，对促进水资源可持续利用具有十分重要的意义。2017 年 10 月，国家发展改革委、住房和城乡建设部联合印发《关于加快建立健全城镇非居民用水超定额累进加价制度的指导意见》，对非居民用水超定额累进加价制度做了全面、系统的部署，对实施范围、分档水量和加价标准、计费周期、资金用途等做出规定。

北京市于 2018 年 11 月发布《北京市建立健全城镇非居民用水超定额累进加价制度实施方案》，明确建立城镇非居民用水超定额累进加价制度，2019 年模拟运行，2020 年正式实施。《北京市城镇供水价格管理实施细则》要求，非居民用水实行超定额累进加价制度的，超过定额用水量时，除按实际用水量正常交纳水费外，对超出定额用水量 20%（含）以下、20%至 40%（含）、40%以上的部分，分别按照水费的 1 倍、2 倍、3 倍加征水费。

天津市于 2018 年 7 月发布《关于建立天津市城镇非居民用水超定额累

进加价制度实施方案（试行）的通知》，并于 2019 年 1 月启动城镇非居民用水超定额累进加价试点。2021 年 2 月，天津市水务局印发《天津市超计划用水累进加价管理办法》，明确了非生活用水户超计划用水行为的认定和超计划用水累进加价水费征收的倍数。

河北省印发的《河北省城镇供水价格管理实施细则》明确了非居民用水、特种用水的范围，城镇非居民用水和特种用水实行超定额累进加价制度。超计划或定额水量按照小于 20%（含 20%）、20%～40%（含 40%）、40%以上三个档次，分别以不低于政府规定水价的 1.5 倍、2 倍、3 倍征收。

（3）农业水价

推进农业水价综合改革，是提升水资源配置效率、提高水资源承载能力的有效途径，是利用价格杠杆促进绿色发展、将生态环境成本纳入经济运行成本的重要举措。2016 年 1 月，国务院办公厅印发《关于推进农业水价综合改革的意见》，要求建立健全农业水价形成机制，建立农业用水精准补贴机制，重点补贴农民定额内用水，超定额用水不再予以补贴。2017 年 6 月，国家发展改革委、财政部、水利部、农业部、国土资源部联合印发《关于扎实推进农业水价综合改革的通知》，提出北京市等经济较为发达的地区，在全省（市）范围内率先全面推进改革。2021 年 7 月，国家发展改革委、财政部、水利部、农业农村部联合印发《关于深入推进农业水价综合改革的通知》要求，着力完善农业水价形成机制，进一步健全精准补贴和节水奖励机制。

早在 2014 年，北京市顺义、房山以及通州漷县就系统地开展了农业综合节水试点工作。2017 年 11 月，北京市发展改革委、水务局印发《关于农业水价制定有关工作的通知》，明确了农业水价制定原则、农业用水定价成本构成、探索实行超限额累进加价制度、农业用水限额标准等。2020 年，北京全面完成农业水价综合改革，北京的农业用水从只收取水泵运转的电费到按立方米计价的根本性转变。

天津市 2016 年 12 月印发《关于推进我市农业水价综合改革的实施意见》，要求 2016—2017 年，各区至少选择两个以上行政村或 1 个乡镇作为试点，率先开展农业水价综合改革；到 2020 年，各区至少有两个以上的乡镇率先实现改革目标；到 2025 年全面完成改革任务。天津市深入推进农业水价综合改革，建立健全水价、水权、奖补和建管等机制，并通过实施农业用水精准补贴，建立农业节水奖励机制，有力促进农业用水方式由粗放式向集约化转变。

河北省将农业水价综合改革作为地下水超采区综合治理试点的重中之重，在全国率先出台《关于推进农业水价综合改革的实施意见》，118 个县编制了农业水价综合改革实施方案。先后出台《农业水价改革及奖补办法》《农业水价综合改革及奖补办法(试行)》，分阶段有序开展农业水价改革工作。

### 8.1.3　污水处理费

污水处理费是按照“污染者付费”原则，由排水单位和个人缴纳并专项用于城镇污水处理设施建设、运行和污泥处理处置的资金，是污水处理行业稳定的费用来源，是污水处理的重要保障。20 世纪 90 年代，我国在城市开始征收污水处理费。为了保障污水处理单位正常运营并遵循保本微利的原则，2014 年，财政部、国家发改委和住房和城乡建设部联合发布《污水处理费征收使用管理办法》，就污水处理费的征收缴库、使用管理等问题做出规定。2015 年 1 月，国家发展改革委、财政部、住房和城乡建设部联合印发《关于制定和调整污水处理收费标准等有关问题的通知》，明确了合理制定和调整污水处理收费标准、加大污水处理收费力度、实行差别化收费政策等。2018 年 6 月，国家发展改革委印发了《关于创新和完善促进绿色发展价格机制的意见》，对完善污水处理收费政策做了全面部署，提出要加快构建覆盖污水处理和污泥处置成本并合理盈利的价格机制，推进污水处理服务费形成市场化，逐步实现城镇污水处理费基本覆盖服务费用。

北京市于 2014 年 7 月印发《北京市污水处理费征收使用管理办法》，规定了北京市污水处理费征收、使用、监督和管理等。2019 年 11 月，印发《北京市进一步加快推进城乡水环境治理工作三年行动方案（2019 年 7 月—2022 年 6 月)》，明确提出适时调整污水处理费收费标准，建立农村污水处理费收费标准，开展收费试点。

天津市于 2016 年 12 月印发《关于调整污水处理收费标准的通知》，明确了非居民用水的污水处理收费标准每立方米由 1.20 元调整到 1.40 元;居民用水的污水处理收费标准每立方米由0.90元调整到0.95元。

河北省于2008年6月印发《河北省城市污水处理费收费管理办法》，规定了城市污水处理费收费标准随着污水处理率的提高和经营成本的变化进行调整。2016年12月，印发《河北省城镇排水与污水处理管理办法》，明确了污水处理费的收费标准不应当低于城镇污水处理设施正常运营的成本，征收标准低于成本的应当逐步调整到位。

### 8.1.4 流域生态补偿

自2012年新安江流域实施水环境补偿试点以来，新安江、九洲江、东江、汀江—韩江、引滦入津流域等13个流域（河段）探索开展了跨省流域上下游横向生态补偿，有力地推动了流域生态环境保护工作。2016年，天津、河北正式实施了引滦入津流域横向生态补偿(第一期)，年限为2016—2028年，两地共同出资设立生态补偿资金，专项用于引滦入津上游的污染治理和生态建设。为深化跨界流域横向生态补偿机制，2020年3月，天津、河北签署了引滦入津上下游横向生态补偿的协议（第二期），年限为2019—2021年，继续设立引滦入津上下游横向生态补偿资金，采取对口帮扶、产业转移、共建园区等方式，探索建立多元化长效生态补偿机制。

为切实保护密云水库上游潮白河流域水源涵养区生态环境，2018年11月，北京、河北签订了《密云水库上游潮白河流域水源涵养区横向生态保护补偿协议》，实施年限为2018—2020年，中央财政和北京、河北共安排21亿元，用于密云水库上游潮白河流域生态保护补偿。2022年8月，两地再次签订《密云水库上游潮白河流域水源涵养区横向生态保护补偿协议（2021—2025年）》，新一轮协议基于北方水资源保护的特点，坚持“水量核心、水质底线”的原则，健全完善水质水量补偿基准、补偿标准，增加了纳入考核监测河流的数量，进一步强化了资金绩效管理和项目实施引导。

### 8.1.5 水污染治理的投融资政策

政府和社会资本合作（PPP）是指政府为提供公共产品和服务而与社会资本建立的全过程合作关系，以授予特许经营权为基础，通过引入市场竞争和激励约束机制，发挥双方优势，提高公共产品和服务的质量与供给效率。自 2014 年以来，国家在 PPP 方面出台了多项政策文件，以推动、引导 PPP 项目实施。2015 年 5 月，《国务院办公厅转发财政部、国家发展改革委、人民银行关于在公共服务领域推广政府和社会资本合作模式指导意见的通知》明确了，在水利、环境保护等公共服务领域，鼓励采用 PPP 模式，并提出了推广 PPP 模式的工作要求。2016 年 9 月，财政部印发《政府和社会资本合作项目财政管理暂行办法》明确了项目识别论证、项目政府采购管理、项目财政预算管理等。2017 年 7 月，财政部、住房和城乡建设部、农业部、环境保护部联合印发《关于政府参与的污水、垃圾处理项目全面实施 PPP 模式的通知》，要求对政府参与的污水、垃圾处理项目全面实施 PPP 模式。2021 年 10 月，国务院办公厅印发《关于鼓励和支持社会资本参与生态保护修复的意见》提出，对有稳定经营性收入的项目，可以采用政府和社会资本合作（PPP）等模式。

2012 年 8 月以来，北京市发展改革委会同市水务局、市环保局和相关区政府，创新设计以打捆建设运营的方式采购符合资质要求的社会企业参与建设运营小城镇污水处理项目，以降低成本、提高规模效益，增加对社会企业的吸引力。《北京市财政局 2021 年度 PPP 工作情况报告》提出，全市 PPP 项目涉及体育、交通运输、污水垃圾处理、生态环保等 10 个公共服务领域，重点领域均有 PPP 项目的覆盖分布，截至 2021 年年底，北京市 PPP 项目共计 77 个，总投资 2446.83 亿元。

2015 年 5 月，《天津市人民政府关于推进政府和社会资本合作的指导意见》明确了项目适用范围、操作模式、操作模式选择等。2018 年 1 月，天津市财政局印发了《关于印发天津市政府和社会资本合作（PPP）项目以奖代补资金管理办法的通知》，以推动全市 PPP 项目加快实施进度，规范运作流程，保障项目质量。面对 PPP 项目大量进入执行阶段的实际情况，2021 年 11 月，天津市财政局印发《关于加强 PPP 项目政府支出责任管理的通知》，严格项目管理，严禁新增项目支出。

2014 年 12 月，河北省人民政府印发的《关于推广政府和社会资本合作（PPP）模式的实施意见》提出，2014—2015 年，在全省基础设施、公共服务领域开展政府和社会资本合作示范试点；2016—2017 年，全省政府和社会资本合作的范围要覆盖到全部适宜项目； 2018 年，全省建立起比较完善的政府和社会资本合作制度体系。截至 2021 年 11 月底，河北累计通过财政部审核纳入 PPP 综合信息平台管理库项目 457 个，投资额 7073 亿元，签约落地项目 354 个，投资额 5580 亿元，居全国第八位。

另外，环境污染治理是一项专业性、技术性很强的工作，在这种情况下，环境污染第三方治理模式应运而生，发展迅速。2014 年 12 月，国务院办公厅印发《关于推行环境污染第三方治理的意见》，对第三方治理的推行工作提出了总体指导意见和要求。2015 年，国家发展改革委会同财政部、住房和城乡建设部、环境保护部在北京市等 10 省（市）开展环境污染第三方治理试点示范工作。2016 年 12 月，国家发展改革委、财政部、环境保护部、住房和城乡建设部联合发布《环境污染第三方治理合同（示范文本）》，旨在为越来越多的环境污染第三方治理项目提供规范的合同文本参考。为进一步推行第三方治理模式，并对第三方治理推行工作提出专业化意见，指导全国各地开展相关工作，环境保护部于 2017 年 8 月出台了《环境保护部关于推进环境污染第三方治理的实施意见》，明确了排污单位污染治理主体责任和第三方治理责任，并在京津冀等重点区域探索实施限期第三方治理。

### 8.1.6 环境权益交易

我国从 2007 年开始推进排污权有偿使用和交易试点。2014 年 8 月，国务院办公厅印发《关于进一步推进排污权有偿使用和交易试点工作的指导意见》，部署建立排污权有偿使用和交易制度试点工作，提出到 2015 年年底前试点地区全面完成现有排污单位排污权核定，到 2017 年年底基本建立排污权有偿使用和交易制度。全国有 28 个省（区、市）尝试开展了排污权有偿使用和交易试点，除财政部、环境保护部、国家发展改革委批复的天津、河北及青岛市等 12 个省、市外，北京等 16 个省、市也不同程度的自行开展了排污权有偿使用和交易试点工作，出台了地方规范性文件，配套建设了管理机构，开展了初始排污确权，部分开展了有偿使用，总体上取得了初步成效。截至 2021 年年底，全国排污权有偿使用和交易总金额为 245 亿元，一级市场（含排污权有偿使用费）金额约 176 亿元，占比 72%；二级市场（企业间）交易约 69 亿元，占比 28%。

水权制度是落实最严格水资源管理制度的重要市场手段，是促进水资源节约和保护的重要激励机制。2014 年 7 月，水利部印发《关于开展水权试点工作的通知》，在宁夏、江西、湖北、内蒙古、河南、甘肃、广东等 7 个省（区）启动水权试点。2016 年，水利部和北京市政府联合组建了中国水权交易所，旨在充分发挥市场在水资源配置中的决定性作用，更好地发挥政府职能，全面提升水资源利用效率和效益。截至 2022 年 8 月底累计完成用水权交易 3112 单、交易水量 35.77 亿 $m^3$。此外，河北等地开展了省级水权改革探索，出台《河北省水权确权登记办法》和《河北省农业水权交易办法》，作为全国首个大规模开展水权确权登记的省份，实现了全国首单农民水权额度内的农业水权交易。

## 8.2 京津冀地区水环境管理经济政策实施中的问题

我国的环境经济政策虽然种类较多，但真正在京津冀地区实施并发挥显著效果的政策仍然有限。有些环境经济政策由于没有配套的措施，并没有起到预期的作用。

### 8.2.1 生态环境财政支出水平和支出效率有待进一步加强

尽管环保财政投入不断增加，但环保投入资金总量不足，用于生态环境保护的投资占地区生产总值的比重依然过低，环境污染治理投资总额（包括城镇环境基础设施建设投资、工业污染源治理投资等）占地区生产总值的比重仅为 0.8%（2021 年）。“十四五”期间，我国生态环境保护形势依然严峻，生态环境保护工作面临巨大挑战，历史欠账多，新的生态环境问题不断涌现，部分地区、部分领域生态环境问题依然突出，财政投入总量与生态环境治理资金需求之间仍有很大差距。

### 8.2.2 缺乏反映资源稀缺与成本的水资源价格政策

京津冀地区以全国0.7%的水资源支撑了8%的人口，水资源环境承载与经济结构布局矛盾日益突出。目前，京津冀地区水资源费征收标准普遍偏低，水资源费占各地水价的比重低，比价关系不合理，没有反映水资源的成本和稀缺程度，水资源价格与价值严重背离，导致水资源短缺与浪费局面并存。

### 8.2.3 污水处理收费价格机制有待调整

现有的污水处理价格机制还有待完善。一方面，地方财政污水处理支出压力与污水处理企业经营效益之间的矛盾突出。在污水处理费标准不变的情况下，若污水处理服务单价不及时调整，会打击污水处理企业积极性，导致政策落地困难，污水处理“市场化”进程受阻；反之，则会使得地方财政污水处理支出压力不断加大，污水处理财政收支缺口持续扩大。另一方面，污水处理收费政策实施存在的困难导致污水处理成本测算工作相对滞后。在当前价格水平下，应要求污水处理厂的全成本得到覆盖，然而在实际操作中，各地对污水处理成本构成并不明确，污水管网运维、污泥处理处置成本该不该测算，应该如何测算，没有形成统一标准，成本与价格之间的关系也大多处在倒挂状态。随着提标改造的不断推进，污水处理运营相关成本不断提高，污水处理成本倒挂的现象会愈发加深。

### 8.2.4 流域生态补偿机制不健全

虽然北京、河北实施了密云水库上游潮白河流域水源涵养区横向生态补偿，天津、河北实施了引滦入津上下游横向生态补偿，但补偿实施过程中，生态补偿标准偏低，难以平衡上下游共同治水利益分配，对上下游地区的激励不足。补偿资金与流域上游地区的生态贡献不匹配，且补偿资金以财政转移支付、专项资金奖励为主，不能满足流域生态环境保护需要。

### 8.2.5 排污权交易制度有待完善

在排污指标初始分配方面，绩效分配方法的落实情况、新源排放配额的获取方式都未达到一定标准，且排污权初始价格不符合市场机制的要求，价格机制不能准确反映资源稀缺程度，不利于排污权交易的推广。

在交易市场管理方面，排污权二级市场交易还缺乏相关的规范，且对企业排污监测和交易监管的力度不足。由于污染物排放计量体系不健全，导致无法对排污单位的真实排放数据进行有效追踪，影响了排污交易市场的稳定性。在监管执法方面，排污权交易对现场检查、违法处罚等环保监管的基础工作提出了更高要求。然而，目前管理技术规范尚未建立，在线监测和刷卡排污数据法律地位有待提升，无法形成有效的监管。对拒不缴纳有偿使用费的企业也无合法、有力的强制措施，这都导致试点地区普遍存在交易监管失效、执法困难重重等问题。

### 8.2.6　环保 PPP 项目资金利用效率有待提高

环保 PPP 项目投融资机制不断完善，资金投入不断增加，有利于 PPP 项目的发展。但是，实施、管理过程中经常出现信息不对称，降低了项目实施效果与资金使用效率。政府与企业的沟通合作是顺利完成项目的基础，任何的信息交流失误，都将影响项目的执行情况。目前，政府在项目实施过程中扮演着监督者的角色，一方面监督企业实施项目，另一方面无法及时参与项目，导致部分项目实施不顺畅，影响进度且浪费资金。

从总体趋势来看，水环境管理经济政策受到了各方面高度重视，经过多年的努力，京津冀地区在水环境治理环境经济政策层面开展了诸多工作，并在专项资金、价格政策、税费政策、生态补偿、环境市场等方面取得了积极的进展与成效。但是，京津冀地区的水环境管理工作还面临一些深层次的问题，水环境管理经济政策长效机制有待建立，缺乏反映资源与成本的水资源价格政策。在排污权交易中，排污总量的确定成为难点；排污总量确定后，如何公平公正地分配给企业，也是一个争论的热点；尚未建立起成熟的排污权交易市场机制，而且，一定程度的地方保护主义限制了排污权的交易。水资源费征收标准普遍偏低，导致水资源短缺与浪费局面并存。此外，流域生态补偿机制不健全，推进难度大。水污染防治项目 PPP 模式价格确定缺乏科学性。

把取得的进展与存在的问题综合起来看，环境经济政策的实施是很有意义且受欢迎的，但目前在水环境保护中的应用比较有限，效力发挥得不够。从水环境管理经济政策的设计上，一般通过两种路径来实现政策目标：一是通过经济的手段鼓励环境友好的行为，激励排污者选择减少污染排放的生产或生活方式；二是对环境不友好的生产或生活方式给予一定的经济处罚或制约，迫使其为避免经济利益的损失而转变其环境行为，实现污染减排的目的。从本质上讲，无论何种经济手段，反映的都是如何在生产、经营和消费等环节实现环境成本内在化的问题。

## 8.3 京津冀地区水环境管理经济政策体系构建

### 8.3.1 总体思路

以改善京津冀地区水环境质量为目的导向，以法制建设为基础，按照“谁污染，谁付费”原则，坚持源头控制，不断加大对京津冀地区水环境治理的投入力度，运用市场经济激励手段，鼓励社会资金参与进来，逐步建成京津冀地区水环境管理经济政策体系。

### 8.3.2 基本原则

质量改善目标引导。水污染防控经济政策的设计要体现水环境质量改善的目标要求，体现人居健康的要求，与深入打好污染防治攻坚战紧密结合，发挥财政资金、环保基金等政策手段的引导作用，税收、信贷等经济政策的设计也体现环境质量改善的要求。

充分运用市场机制。政府通过政策法规和金融信贷等经济激励手段，积极引导各类社会资本进入到水生态修复、水污染治理领域中来，逐步构建完善成熟的水生态修复与水污染治理市场。

奖惩双向激励并行。推进实施奖惩结合的双向激励机制，对于水生态修复、水环境治理实施成效显著的地方和企业，通过财政奖励、补贴、贴息，优惠贷款等方式给予激励，对于表现不好、未能达标、污染严重的地方或企业，则通过罚款、赔偿等实施一定惩罚，对其进行约束、限制和规范等。

打好政策“组合拳”。财政、基金、税费、补偿、金融等各类环境经济政策手段具有不同的特征和调控功能，要充分发挥各类手段的作用，政策手段避免冲突内耗，重视发挥协同效应。

### 8.3.3　总体框架

京津冀地区水环境管理经济政策框架如图 7-1 所示。通过价格内化水污染成本，体现污染者付费原则。通过设立政府基金等资金措施，履行政府公共职能，并引导水污染防治。通过信贷、保险和市场化等措施，鼓励社会资本进入水污染防治市场。采取有奖有罚的政策，加强监测和监督，推进水污染防治。

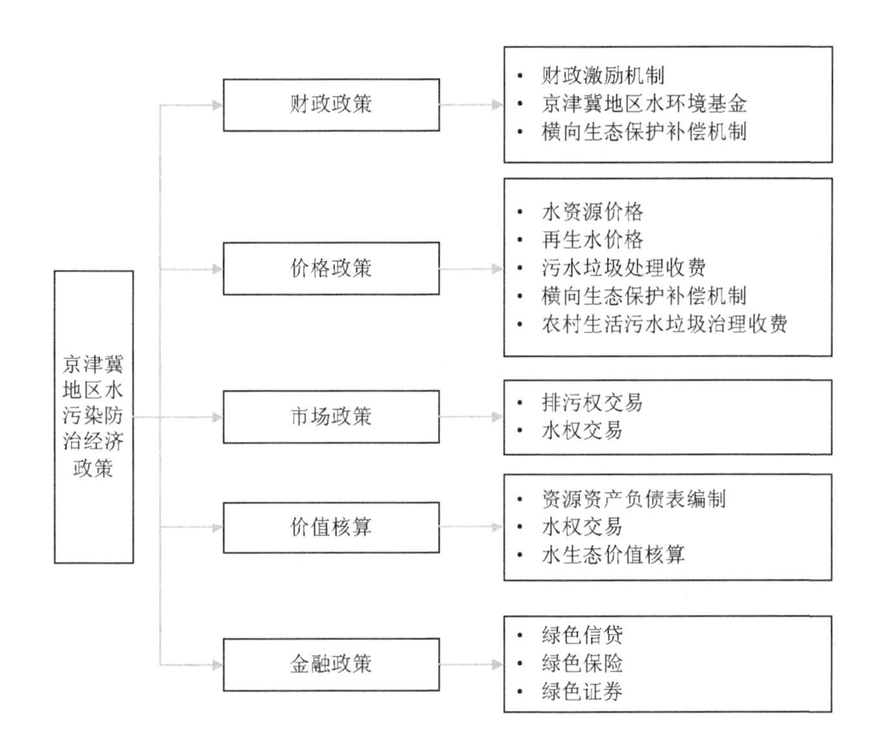


图 7-1　京津冀地区水环境管理经济政策体系总体框架

### 8.3.4 建立水环境质量财政激励机制

通过创新财政资金机制，结合深入打好污染防治攻坚战考核和水环境质量考核，建立纵向财政转移支付为主，横向转移支付为辅，奖惩结合，质量改善导向的激励机制。

实施对象：以京津冀地区为试点，国家水环境质量财政激励机制的实施主体为生态环境部、财政部，激励对象主要为实施水质量改善工作的省级地区政府领导。

考核方式：考核频次实行年度考核、年度结算方式。生态环境部每年年初公布京津冀地区水环境质量考核结果。生态环境部联合财政部测算激励资金核算后，下拨奖励资金。根据“十四五”国家水环境保护目标确定情况，进行分配。

资金机制。国家水环境质量财政激励机制的资金可以从设立的水污染防治专项资金中切块，如以每年财政资金投入的30%左右作为水质量改善的激励资金。由财政部、生态环境部按照京津冀地区水环境质量考核结果，从水污染防治专项资金中对京津冀实施转移支付，京津冀获得的财政激励资金原则上必须再用于地方水污染防治和能力建设项目。

### 8.3.5 京津冀地区水环境基金设计

（1）设立原则

以改善京津冀地区水环境质量为导向，建立多元化的资金投入模式，为解决区域水环境问题提供资金保障。同时，带动区域环保产业发展，实现部分资金增值盈利。一是市场化运用。充分发挥市场机制的激励作用，调动排污企业、环保公司、金融机构、社会资本的积极性，构建多元化的水环境保护投融资格局。二是体现差异。针对不同经济发展水平和不同生态环境治理任务的北京、天津和河北，资金的投资领域、投资比例等要有一定区分。三是明确各阶段重点。明确各个阶段水环境治理的重点任务和要求，明确基金使用的重点领域和重点内容。四是投资盈利。建立稳定的资金补充机制，确保资金以有偿方式为主，通过低息或无息贷款、融资担保等方式，实现部分资金的增值盈利。五是绩效评价。由相关政府部门共同建立基金绩效评价制度，评价资金投入与水环境质量的改善、污染物削减、环保设施建设、环境工程运营成效的绩效关系，并根据评价结果及时完善资金使用、项目组织等管理制度。

（2）基金模式

考虑政府有限资金和庞大繁重治理任务，基金可采取“母基金”（FOFS）模式运作。母基金包括政府财政资金和社会投资，不直接参与项目投资，而是作为引导基金，带动若干个子基金的设立和运作，采取以间接投资为主、直接投资为辅的形式。子基金通过社会筹资的方式，实现资金二次放大，根据基金投资要求，直接投资污染治理项目。

（3）基金来源

资金来源主要包括政府资金、社会资金和增值收益三个方面。其中，政府资金包括各种渠道的预算内资金和预算外资金，一般以无息方式定期注入。社会资金来自银行和相关投资机构，以债权或股权方式介入，承担较高投资风险的同时，获得较大的投资收益。增值收益包括放贷利息、担保费以及其他营利性投资收益。

（4）基金使用

灵活采用贷款、融资担保、股权投资、补贴或奖励、赠款等多种资金使用方式，资助有关项目。

（5）管理与运行

京津冀地区水环境基金资金管理利益相关者涉及政府、银行、担保公司、基金管理公司、治污企业等。设立基金管理中心，参照市场经济中的基金公司模式进行组建管理，政府部门不得以行政手段干预基金管理中心的运营。管理中心由专业的金融机构负责组织筹备，作为非银行的政策性金融机构，依法享有企业法人资格，并取得金融经营权，属于自主经营、独立核算的经济实体。管理中心内部成立理事会和管理办公室。基金管理中心在商业银行或国家政策性银行设立基金账户。银行作为基金托管人，具体负责基金的保管。贷款项目经基金管理中心审批后，由银行与贷款企业签订贷款协议，并根据双方协议按期如数发放贷款，银行负责监督贷款使用及催收本息。同时，托管银行需定期向基金管理中心和基金监事会报送贷款发放、回收报表。

### 8.3.6 创新环境投融资机制

（1）创新绿色金融产品

研究建立环境保护基金。采用财政资金引导、社会资本投入为主、市场运作的方式，建立新区生态环境保护基金，吸引社会资本投入，以低息贷款与股权投资相结合的方式支持环境污染治理项目。

促进绿色信贷产品开发。结合市场需求，鼓励金融机构在贷款额度、贷款利率、贷款期限、贷款审批等方面制定优惠措施，开发针对企业、个人和家庭的绿色信贷产品。

鼓励发行绿色债券。支持金融机构通过发行绿色金融债方式投资绿色产业。鼓励符合条件的企业积极公开发行企业债和中期票据，拓宽企业融资渠道，为企业加大环境污染治理投资力度提供保障。鼓励上市环保企业利用股市融资。支持重点领域建设项目采用企业债券、项目收益债券、公司债券、中期票据等方式，通过债券市场筹措投资资金。

推进资产证券化。在城镇污水处理等环境基础设施领域实施资产证券化，促进具备一定收益能力的经营性环保项目形成市场化融资机制。

（2）创新环境金融服务

完善绿色信贷业务。研究采取财政贴息等方式，加大扶持力度，鼓励各类金融机构加大绿色信贷的发放力度，明确贷款人的尽职免责要求和环境保护法律责任。结合环境信用体系建设，将企业环境违法风险和信用评级作为金融机构信贷审核的重要内容，构建守信激励与失信惩戒机制，环保、银行、证券、保险等方面要加强协作联动，分级建立企业环境信用评价体系。建立健全绿色信贷信息共享机制。

拓展绿色保险应用范围。在涉重金属企业、按地方有关规定已被纳入投保范围的企业、其他高环境风险企业等企业中开展强制责任保险试点。开展试点经验总结交流活动，逐步形成可推广、可复制的配套政策和创新模式。

发展绿色金融租赁业务。探索土壤、地下水修复等环境保护领域采用租赁方式进行融资，解决专业仪器设备适用范围窄、使用时间短的问题，避免企业不必要的大额开销，减轻资金链压力，降低投资风险，实现轻资产运营。

创新抵押担保服务。支持开展排污权、收费权、购买服务协议质（抵）押等担保贷款业务，探索利用污水垃圾处理等预期收益质押贷款。积极鼓励政府、金融机构、担保公司等设立联合担保基金，对污染治理项目、环保企业发展提供融资担保服务。鼓励各类企业按照产值集资建立融资担保公司，建立风险分担机制及担保标准，为参与集资的企业环境污染防治项目提供融资担保服务。鼓励银行与担保公司提供政策性拨款预担保服务。

（3）健全绿色金融鼓励政策

制定优惠政策，鼓励银行、保险和基金公司等金融机构提高自身的环境责任，金融机构的决策管理层要在战略上重视环境金融业务。完善绿色金融政策环境，对银行制定差别化的监管和激励政策，探索研究在环境金融项目贷款额度内适当减免存款准备金、营业税减免、存贷比剔除等措施，给予符合条件的绿色金融融资更高的不良贷款容忍度和更宽松的呆坏账核销政策等，允许符合条件的绿色金融贷款不纳入存贷比考核。对绿色金融给予财政税收支持，降低商业银行办理绿色金融业务的营业税率，以及相关所得税税率。

# 第 9 章　京津冀地区水环境管理社会治理体系构建

## 9.1　京津冀地区水环境管理社会治理进展

### 9.1.1　政府与企业信息公开

环境信息公开是一项重要的环境管理制度，也是水环境保护社会行动体系构建的重要抓手。作为水环境公共治理的初始环节，环境信息公开为公众参与、社会监督提供了方式、手段和途径，有助于倒逼排污企业履责，有利于辅助政府环境决策和强化环境监管，有效地促进水环境质量持续改善。总体来看，京津冀地区水环境信息公开呈现以下特征。

（1）环境信息公开制度体系不断完善

党中央和国务院高度重视水污染防治工作，并以信息公开形式倒逼地方政府落实环境治理责任。《中华人民共和国环境保护法》“第五章信息公开和公众参与”对环境信息公开的责任主体、公开渠道与内容等做出规定。2018年，修订的《中华人民共和国水污染防治法》开始实施，从法律层面确立了信息公开常态化建设，明确设立了信息公开的责任主体、范围、内容和程序等条款，如第二十五条规定：“国务院环境保护主管部门负责制定水环境监测规范，统一发布国家水环境状况信息。”《中共中央 国务院关于深入打好污染防治攻坚战的意见》明确要求，构建生态环境治理全民行动体系，发展壮大生态环境志愿服务力量，深入推动环保设施向公众开放，完善生态环境信息公开和有奖举报机制。中共中央办公厅、国务院办公厅印发的《关于全面推行河长制的意见》要求，建立河湖管理保护信息发布平台，通过主要媒体向社会公告河长名单。2021 年 5 月，生态环境部印发《环境信息依法披露制度改革方案》提出，到 2025 年，环境信息强制性披露制度基本形成，企业依法按时、如实披露环境信息，多方协作共管机制有效运行。

从京津冀地区来说，相关法规标准规范等制（修）订工作快速推进，既与上位法充分衔接，又对信息公开的有关内容规范细化，《北京市水污染防治条例(2021 修正)》"第二十二条　本市实行水环境质量公报制度。水环境质量信息由市生态环境部门统一发布。""第五十五条　市、区人民政府及有关部门应当依法公开水污染事故的预警信息和应对情况，将事故信息和应当注意的事项及时告知可能受到影响的单位和个人。"2020 年 9 月，第三次修正的《天津市水污染防治条例》等明确了未依法履行信息公开义务的法律责任。2018 年 10 月，河北省出台了《大清河流域水污染物排放标准》《子牙河流域水污染物排放标准》《黑龙港及运东流域水污染物排放标准》三项标准，在大清河、子牙河、黑龙港及运东等流域出台标准与京津接轨。

（2）环境信息公开不断深化

水环境信息是公众最为关注的环境治理信息之一，水环境信息共享和信息公开已被纳入京津冀地区各级政府部门常态化管理，形成了多层级多领域的水环境信息发布格局。另外，水环境质量信息公开范围逐年扩大，污染源排污信息公开要求趋于严格，更加公开透明。

（3）环境信息公开的载体和形式多元化

水环境信息公开平台多足并立格局形成，包括传统网络平台（生态环境部门官网）、传统媒体平台（报纸媒体、新闻发布会）和新媒体平台（环保 App 或微博微信）。以环保北京微博、北京环境监测微博、京环之声微博为主的环保北京微博群和京环之声微信公众号关注度持续上升，已成为发布环保消息、展示环保工作的重要窗口。2017 年第三届北京环境文化周推出的"辟除十大环保谣言""V 蓝北京我的环保日记""向环保陋习说 NO！污染环境十大陋习征集评选""北京大学生环保音乐会"等系列环保公益活动，累计超过 1 亿人次市民参加。

### 9.1.2 公众参与水环境保护

（1）法律法规逐步建立和完善

2006年，国内环保领域第一部公众参与的规范性文件《环境影响评价公众参与暂行办法》发布，为国内公众参与建设项目环评提供了法律依据和途径。2014年以后，国家又相继发布《关于推进环境保护公众参与的指导意见》和《环境保护公众参与办法》等，并于2018年修订发布了《环境影响评价公众参与办法》，全面规定和细化了公众参与的内容、程序、方式方法和渠道等。河北省于 2014 年发布了全国首个环境保护公众参与地方性法规《河北省公众参与环境保护条例》。这些制度和规范的发布，为公众有序、理性参与环保事务提供了制度保障。

（2）组织机构不断建立和健全

国家层面，生态环境部内设的宣传教育司，负责组织、指导和协调全国环境保护宣传教育工作，组织开展生态文明建设和环境友好型社会建设的宣传教育工作，管理社会公众参与多方面的环保业务培训，推动社会公众和社会组织参与环境保护。生态环境部宣传教育中心是生态环境部直属机构，协助承担对社会的宣传教育和能力培训等技术支持业务。

地方层面，京津冀三地生态环境主管部门也分别设立宣教机构，负责研究拟订生态环境保护宣传教育纲要，承担生态环境保护新闻审核和发布，组织生态环境舆情收集、研判、应对工作，开展生态文明建设和环境友好型社会建设的宣传教育工作，推动社会组织和公众参与生态环境保护等。

社会组织层面，环保社会组织（NGO）近年来发展迅速。不同的环保社会组织，其理念、机构设置、工作重点等有较大差别。部分环保社会组织，由于依托政府部门，其机构设置、工作流程与机关类似，从业人员专业水平和能力较强，相当一部分人从事环境科学和政策研究，为政府决策提供科学信息。民间环保组织的数量近年虽不断增加，其发展水平参差不齐。有些民间社会组织专业性较强，能够做深入细致的调查研究工作，或开展政策研究、参与立法工作等，但多数民间环保组织机构设置简单，人员数量和水平有限，以生态环境基础知识普及、环保宣传教育为主。

（3）公众参与环境监督和管理的机制不断完善

公众检举和举报环境违法行为是公众参与环境监督、履行环境监督权的重要形式，特别是，投诉和举报制度被认为是中国现阶段环境管理的有效补充手段。京津冀地区开通了“12369”环保投诉和举报热线，利用公众力量实施环境监督。2020 年，北京市共收到生态环境违法行为举报线索 338 件，对参与举报且查证属实的 67 人次实施奖励。另外，公众参与环境渠道不断丰富，如 2020 年，累计 7.5 亿人次通过线上线下参与了北京市组织的第七届北京生态环境文化周、第三届“我是环保明星”评选活动、第五届北京环保儿童文化周等生态环保主题活动；北京生态环境教育“云课堂”覆盖了全市 260 多所学校。

## 9.2　京津冀地区水环境社会治理过程中的问题

### 9.2.1　环境社会治理政策体系有待完善

在环境社会政策方面，已有部分政策手段和机制平台得到一定程度的开发和使用，如环境信息公开和服务、社会参与政府行动、环境社会服务、环境公益诉讼、环境社会对话等。自圆明园防渗工程开启环保公众参与先河的以来，京津冀地区初步形成了环保公众参与法律框架。但在京津冀地区并未形成全面、系统、有效的环境社会治理政策体系。公众参与政府主导的环保活动主要表现为参与政府政策法规和规划计划的制定，以及政府开展的环境监督活动，很少参与政府政策法规和规划计划的实施过程。

环境信息公开和服务方面，政府部门公开环境信息需要规范和推进，企业披露环境信息需要进一步强化，政府和企业环境信息公开考核评价制度有待完善。

环境社会服务方面，目前主要是政府向社会力量购买环保服务，其实施已经有一定的政策环境依据；但想要在京津冀地区真正推动这项工作，还应结合实际情况，在向社会购买服务的具体操作和程序上做进一步的规定。

环境公益诉讼方面，由于公益诉讼主体范围较窄、存在较多公益诉讼的技术难题、诉讼费用相对高昂等，一定程度上限制了环境公益诉讼的发展。

### 9.2.2 环境社会风险缺乏有效预防和化解机制

目前，对环境产生的社会风险进行评估和应急应对逐渐成为政府环境决策的工具，并取得积极进展。京津冀地区环境社会风险评估工作取得一定效果，但由于机制和方法还不成熟，效果很有限。如调研不充分，缺乏有效的社会调查方法和风险评估方法以确定社会风险源以及风险概率，缺乏科学严密的评估程序、监督机制等，这些问题都导致了环境社会风险评估工作无法大范围展开。另外，现有的环境社会风险评估主要集中在重大项目上，并没有全覆盖到环境法律法规政策等方面。无论是在环境社会风险评估技术方法研究、机制规范化建设方面，还是环境社会风险评估结果运用等方面，都有待完善。

### 9.2.3 公众参与环保意识不足

尽管在京津冀地区，各类环境宣传教育活动对于增强民众环境保护意识，推动环境保护各项工作的开展发挥了积极作用。但总体上公众缺少主动参与环境保护的意识,如生活中存在水资源浪费行为,对环保问题持被动态度等。一方面，目前，环境保护宣传教育规模不大，影响面不广，力度不够，宣教工作的针对性、专业性和连续性还有待提升，难以对社区、农村、学校、企业、民众的环境宣传教育起到很好的支撑作用。另一方面，环境治理本身是一项复杂的系统工程，需要参与者有相关的教育背景和知识储备，以及对环境现状的了解，如果没有得到充分的宣传和传播或者畅通参与渠道，都会影响公众参与的积极性，导致公众不愿意主动参与环境保护。

### 9.2.4 环保社会组织能力建设有待加强

环保社会组织在提升公众环保意识、促进公众环保参与、改善公众环保行为、开展环境维权与法律援助、协调环境利益冲突等方面，都能够发挥重要的作用，是连接政府、企业与公众之间的桥梁与纽带。目前，京津冀地区的环保社会组织体系不完善。一方面，数量少且分布不均匀，主要集中在北京，而天津和河北缺少有效运行的环保 NGO，民间 NGO 占比较小。另一方面，多数环保 NGO 资金少，专业性不强，开展环境治理的效果有限。环保 NGO 自身的能力仍然较弱，成员很少来自环境类相关专业，环保 NGO 的作用很难在短期内得到有效发挥[107]。

### 9.2.5 跨部门协调合作机制尚不健全

当前，生态环境部门与其他部门联合开展了一些环境社会治理方面的工作，主要表现为两种形式：一是以联合发文的形式开展工作。如 2014 年 12 月，最高人民法院、民政部、环境保护部联合发布《关于贯彻实施环境民事公益诉讼制度的通知》，规定了社会组织提起环境公益诉讼过程中各部门的责任、义务及其配合。二是通过临时合作开展一些与环保主题相关的活动，大力宣传环境保护知识。京津冀地区水环境管理目前的合作大多是零散的、临时性的，尚未建立长效合作机制，未在制度层面加以认定，这就导致相关合作缺乏长期性、系统性和可持续性，效果也极其有限。

## 9.3 建立京津冀地区水环境管理社会治理体系

### 9.3.1 充分发挥政府主导作用

《关于构建现代环境治理体系的指导意见》明确提出，坚持多方共治，明晰政府、企业、公众等各类主体权责，畅通参与渠道，形成全社会共同推进环境治理的良好格局。环境保护社会治理是现代化环境治理体系的发展，但这种社会治理方式也不能完全替代政府型治理模式。构建现代水环境治理体系应突出政府在水环境保护工作中的主导性作用，充分发挥社会力量、市场经济的作用。政府应加强指导和督促企业落实环境责任，将环境责任纳入企业管理者、企业业绩考核体系，形成引导、鼓励、督促企业履行责任的长效机制，实现生态环境成本内部化、生产绿色化。同时，政府也要及时主动公布环境信息，完善公众监督和举报反馈机制，加大环境保护宣传力度，充分发挥环保社会组织团体作用，有序引导公众参与环境监管。

### 9.3.2 强化环境社会治理体系多主体互动多赢

构建多元化环境治理体系，首先要合理区分政府、企业、公众的权利与责任[108]。政府作为环境保护的监管主体和公共服务的供给主体，一方面要加强环境监管，确保公平、规范、有序；另一方面加强和优化环境公共服务，推动绿色发展，为辖区环境质量负责。企业作为污染物排放的主体，需要对污染治理承担直接的主体责任，推进治污减排，提供绿色产品。公众作为污染的受害者，同时也是生活型和消费型污染的产生者，一方面需要履行环境监督者的权利，维护自身利益；另一方面需要主动践行环保责任，通过改变消费行为和生活方式，减少环境污染。因此，加强多主体间的监督制衡，通过互动机制形成多主体间的合作共治新模式。

### 9.3.3 深化公众参与水环境保护路径

对京津冀地区的居民赋予更多环境权利，拓宽公众参与水环境保护的渠道，使社会力量担负起水环境保护的重任[109-110]。一方面，保障公众知情权、监督权、索赔权等环境权利，如通过投诉、诉讼等途径依法维权，参加环境影响评价、环境立法等工作，有力监督企业环境行为。另一方面，深化水环境信息公开，开辟门户网站、新闻报刊等传统媒体和微信公众号、微博等新媒体的信息发布平台，提高信息公开的质量和广度，促使公众更有效的参与水环境保护。有序发展环保社会组织，支持环保社会组织健康有序参与环境保护。

### 9.3.4 加大环境法律法规政策和环境知识宣传

加大京津冀地区水环境保护重要政策举措、进展成效的宣传力度，针对不同社会主体开展不同形式、内容的宣传与知识、信息的传播。积极创新宣传形式，丰富传播手段，充分利用各类媒体，增强环境信息发布的传播度和影响力，营造环境社会治理氛围，引导公众践行绿色生活方式，促进各社会主体积极主动参与和开展水环境保护活动。同时，加强环境舆情跟踪、收集、分析工作，科学评估舆论态势，积极应对舆论，强化正面导向，形成全社会共同推进环保的健康舆论监督氛围。

### 9.3.5　建立跨区域跨部门长效协作机制

环境社会治理涉及生态环境、公安、检察、法院、民政、自然资源、水利、农业农村等多个部门，应结合京津冀地区水环境社会治理实际，研究建立跨区域跨部门长效合作机制，将环境社会治理要求纳入法律法规、规划方案、政策标准等制修订中，加强环境信息公开与共享，形成环境社会治理合力。

# 参考文献

[1] 石琛. 生态文明建设视域下我国政府环境管理体制研究[D]. 锦州：渤海大学，2018.

[2] 王夏晖，王波，吕文魁. 我国农村水环境管理体制机制改革创新的若干建议[J]. 环境保护，2014，42（15）：20-24.

[3] 龙小康. 城市水环境治理机制与方式探究——以武汉为例[J]. 中国科技信息，2010（12）：16-17.

[4] 陈永清. 建立条块结合的水环境管理新体制[J]. 环境保护，2009，37（7）：20-21.

[5] 韩秋萍，许振成，张修玉，等. 浅析我国水环境管理体制问题以及对策建议[C]. 2011 中国环境科学学会学术年会论文集（第三卷），2011：141-144.

[6] 彭海君，陈清华，赵肖，等. 东江源区水环境管理体制创新研究[J]. 绿色科技，2011（10）：105-108.

[7] 吴文华，马玉波. 浅谈我国城市郊区水环境管理改革探索[J]. 内蒙古教育（职教版），2012（5）：43-44.

[8] 左荣梅，侍晓冬. 浅谈苏北沿海地区水环境保护问题及对策[J]. 江苏水利，2013（1）：34-35.

[9] 蔡秀锦. 中国跨区域水环境保护行政管理体制存在的问题探析及研究[J]. 环境科学与管理，2013，38（8）：191-194.

[10] 仲巍巍. 城市水环境现有管理体制模式的局限及对策研究[D]. 扬州：扬州大学，2014.

[11] 孟婷婷，季海波. 巢湖流域管理体制机制改革方案初探[C]//.2014 中国环境科学学会学术年会，2014：318-322.

[12] 李文杰. 农村水环境管理体制机制创新：基于澳大利亚经验与本土视角[J]. 世界农业，2016（10）：181-185.

[13] 余璐. 水环境与水资源流域综合管理体制研究[J]. 资源节约与环保，2016（10）：153-154.

[14] 杨志云，殷培红. 流域水环境保护执法改革：体制整合、管理变革及若干建议[J]. 行政管理

改革，2018（2）：38-42.

[15] 高复阳，方晓萌. 建立完善长江经济带水资源管理体制机制[J]. 中国国土资源经济，2019，32（12）：12-16.

[16] 邱彦昭，李其军，王培京，等. 北京市河湖水环境管理体制探讨[C]//. 北京水问题研究与实践（2018年），2019：317-322.

[17] 张茜，陈慧敏，吕腾，等. 我国流域水环境管理中职能部门协调机制研究综述[J]. 环境保护与循环经济，2021，41（1）：92-95，104.

[18] 璩爱玉，董战峰，彭忱，等. “十四五”时期京津冀地区水环境管理体制改革研究[J]. 环境保护，2021，49（15）：12-16.

[19] 王啸宇，崔杨，陈玫君. 中国水污染现状及防治措施[J]. 甘肃科技，2013，29（13）：34-35，79.

[20] 田曦. 松原市水污染现状及防治对策研究[J]. 科技风，2013（24）：147.

[21] 傅健宇. 我国城市地下水污染现状和防治措施[J]. 湖南工业职业技术学院学报，2014，14（2）：15-17.

[22] 刘一源. 城市水污染现状与防治研究[J]. 泰山学院学报，2014，36（6）：107-112.

[23] 傅翊，龚来存. 南京市地下水污染现状分析及防治对策[J]. 人民长江，2015，46（S2）：28-30，34.

[24] 李瑾. 地下水污染现状及防治措施[J]. 能源与节能，2018（6）：92-93，115.

[25] 何丽芳. 我国工业园区水污染现状及防治措施[J]. 当代化工研究，2020（3）：97-98.

[26] 闵宗谱，陈强，梁定超，等. 我国农村水污染现状及其处理技术分析[J]. 安徽农业科学，2016，44（29）：51-54.

[27] 吴晓红. 关于我国农村水污染现状分析及防治方法探讨[J]. 绿色环保建材，2017（9）：36.

[28] 樊爱萍，王晓云，于玲红，等. 包头市南海湿地水污染现状与防治对策研究[J]. 环境污染与防治，2017，39（12）：1333-1336，1342.

[29] 仝军生. 我国水污染现状及防治策略[J]. 统计与管理，2015（12）：88-89.

[30] 许伊蕾，张静雪. 渭河干流西安段水污染现状调查评价及防治对策[J]. 安徽农业科学，2018，46（17）：80-81，110.

[31] 齐奋春，赵月. 水污染现状及水环境管理对策研究[J]. 资源节约与环保，2018（9）：72.

[32] 张丹，王永太. 舒兰市细鳞河流域水污染防治现状及对策研究[J]. 当代化工研究，2022（17）：97-99.

[33] 陈广华，崇章. 生态平衡视域下水污染防治的水中和治理模式[J/OL]. 江苏社会科学：1-8[2022-10-08].

[34] 周红霞，常国俊，谷奎林. 黄河水资源竞争性价格的形成机制[J]. 华北水利水电大学学报（社会科学版），2014，30（1）：77-79.

[35] 刘芳芳，连华，王建兵，等. 基于模糊数学模型的张掖市水资源价值计算研究[J]. 中国农学通报，2016，32（2）：87-91.

[36] 盖翊中. 广东水资源价格改革探索[J]. 市场经济与价格，2014（8）：8-10.

[37] 张春玲，申碧峰，孙福强. 水资源费及其标准测算[J]. 中国水利水电科学研究院学报，2015，13（1）：62-67.

[38] 钟帅. 基于CGE模型的水资源定价机制对农业经济的影响研究[D]. 北京：中国地质大学，2015.

[39] 孙建秦. 石头河灌区水资源价格管理体制改革探析[J]. 广西水利水电，2016（1）：17-20，25.

[40] 简富缋，宋晓谕，虞文宝. 水资源资产价格模糊数学综合评价指标体系构建——以黑河中游张掖市为例[J]. 冰川冻土，2016，38（2）：567-572.

[41] 段玉珍. 基于全成本的城市水资源价格及政策研究[D]. 合肥：中国科学技术大学，2016.

[42] 杨钰杰. 水资源价格形成机制与动态路径探索[D]. 西安：陕西师范大学，2017.

[43] 鹿翠，李文秀，万洁. 基于灰色马尔科夫模型的水资源价格的预测[J]. 经济研究导刊，2017（18）：105-109，130.

[44] 贾亦真，沈菊琴，王晗，等. 兰州市水资源价值模糊评价研究[J]. 人民黄河，2018，40（9）：68-73.

[45] 孙芳. 水资源定价方法及应用[J]. 陕西水利，2019（2）：59-60.

[46] 董战峰，龙凤，田雪，等. 水环境资源价格机制改革助推长江流域高质量发展[J]. 环境保护，2021，49（Z1）：58-60.

[47] 佟金萍，秦国栋，王慧敏，等. 水资源价格扭曲与效率损失——基于长江经济带的实证分析[J]. 软科学，2022，36（8）：100-107.

[48] 杨凯丽. 基于模糊数学模型的山西省水资源价格核算[C]//. 中国环境科学学会2022年科学技术年会论文集（二），2022：538-542.

[49] 胡鑫. 分析水资源价格对水资源保护的作用[C]//. 云南省水利学会2018年度学术交流会论文集，2018：191-194.

[50] 钟小强. 广东省污水处理费定价机制研究[D]. 广州：暨南大学，2011.

[51] 江野军. 江西城市污水处理费改革研究[J]. 价格月刊，2014（1）：1-7.

[52] 张久祥，魏丛，王蒙. 污水处理服务市场现状、问题及对策分析[J]. 商，2016（16）：66.

[53] 张勇，赵挺生，张正柱，等. 基于 SD-MOP 耦合模型的 PPP 模式下城市污水处理费动态调整[J]. 土木工程与管理学报，2017，34（1）：55-60，66.

[54] 李晚心，黄有廷，黄诗厦，等. 城市污水处理费差别化征收政策研究[J]. 企业科技与发展，2020（4）：195-196.

[55] 刘康，李涛，马中. 中国污水处理费政策分析与改革研究——基于污染者付费原则视角[J]. 价格月刊，2021（12）：1-9.

[56] 赵亚龙. 污染者付费原则在污水治理中的应用[D]. 开封：河南大学，2017.

[57] 熊华平，何一慧. 我国农村生活污水处理费定价机制研究——以湖北省为例[J/OL]. 价格理论与实践，1-4 [2022-10-08].

[58] 郑文，胡元林. 我国流域生态补偿的实践、问题及对策[J]. 经济研究导刊，2018（14）：55-57.

[59] 李婧. 新安江流域生态补偿标准计算方法研究[D]. 哈尔滨：哈尔滨工业大学，2018.

[60] 耿翔燕，葛颜祥，张化楠. 基于重置成本的流域生态补偿标准研究——以小清河流域为例[J]. 中国人口 • 资源与环境，2018，28（1）：140-147.

[61] 郑业伟. 流域生态补偿量化研究[D]. 沈阳：辽宁大学，2018.

[62] 刘洋，毕军. 流域生态补偿理论及其标准研究综述[J]. 水利经济，2018，36（3）：10-15，77.

[63] 赵珂慧. 我国流域生态补偿机制研究[D]. 开封：河南大学，2018.

[64] 杨莹. 松花江流域生态补偿研究[D]. 哈尔滨：哈尔滨工业大学，2019.

[65] 徐倩. 基于生态产权界定的闽江流域生态补偿标准研究[D]. 福州：福建师范大学，2019.

[66] 严有龙，王军，王金满. 流域生态补偿研究进展与展望[C]//. 中国煤炭学会土地复垦与生态修复专业委员会第八届全国矿区土地复垦与生态修复学术会议交流材料，2019：195.

[67] 王西琴，高佳，马淑芹，等. 流域生态补偿分担模式研究——以九洲江流域为例[J]. 资源科学，2020，42（2）：242-250.

[68] 华庆莉，曹秋迪，沈菊琴，等. 流域生态补偿主客体识别方法比较研究——以行政区为研究对象[J]. 江苏水利，2020（12）：22-26.

[69] 王雨蓉，曾庆敏，陈利根，等. 基于 IAD 框架的国外流域生态补偿制度规则与启示[J]. 生态学报，2021，41（5）：2086-2096.

[70] 陈方舟，王瑞芳. 新安江流域生态补偿机制长效化研究[J]. 人民长江，2021，52（2）：44-49.

[71] 谢婧，文一惠，朱媛媛，等. 我国流域生态补偿政策演进及发展建议[J]. 环境保护，2021，49（7）：31-37.

[72] 马毅军，李珂. 流域生态补偿研究综述[J]. 中国资源综合利用，2021，39（8）：108-111.

[73] 周子航，朱晓宇. 流域生态补偿的制度、模式与立法研究[C]//. 面向高质量发展的空间治理——2021 中国城市规划年会论文集（08 城市生态规划），2021：325-336.

[74] 冯颖璇，李怀恩，成波，等. 流域生态补偿标准核算主要方法及进展研究[C]//.2021 第九届中国水生态大会论文集，2021：139-148.

[75] 胡鑫. 基于污染物消减成本的核心流域生态补偿定量动态计算方法研究[J]. 人民珠江，2022，43（6）：53-57，85.

[76] 熊凯，黄禄臣，王奔. 基于双重差分法的江西省主要流域生态补偿政策实施效果的实证分析[J]. 南昌工程学院学报，2022，41（3）：85-91.

[77] 李欣蔚. 基于水足迹的长江经济带流域生态补偿机制研究[J]. 水利科技与经济，2022，28（9）：23-27.

[78] 刘航，温宗国. 环境权益交易制度体系构建研究[J]. 中国特色社会主义研究，2018（2）：84-89.

[79] 李雄华. 试论环境资源权益交易的市场机制[J]. 生态经济，2009（9）：181-182，187.

[80] 张璐，刘新民，夏溶娇，等. 四川省开展环境权益交易的对策建议[J]. 四川环境，2013，32（S1）：156-160.

[81] 傅前明，张新蕾. 环境权益交易市场存在五大问题[J]. 环境经济，2018（13）：60-63.

[82] 林仁德. 广西环境权益交易市场的发展探讨[J]. 区域金融研究，2018（12）：46-51.

[83] 胡晖，唐恩宁. 环境权益交易对企业高质量生产的影响——基于碳排放权交易的经验证据[J]. 宏观质量研究，2020，8（5）：42-57.

[84] 张晓玲. 可持续发展理论：概念演变、维度与展望[J]. 中国科学院院刊，2018，33（1）：10-19.

[85] 冯丹阳，张强，周美华. 生态文明视野下可持续发展的未来路径[J]. 生态经济，2022，38（5）：215-221.

[86] 梁龙. 新公共管理理论视角下的农村精准扶贫问题研究——以 G 省 L 市 X 村为例[D]. 西宁：青海师范大学，2022.

[87] 赵静. 新公共管理理论视野中的美丽乡村建设探索——以江宁谷里街道为例[D]. 南京：南京航空航天大学，2018.

[88] Tansley A G. The use and abuse of vegetational concepts and terms[J]. Ecology，1935，16（3）：

284-307.

[89] Odum E P. Fundamentals of ecology[M]. Saunders，1971.

[90] 吴欣欣. 海洋生态系统外在价值评估：理论解析、方法探讨及案例研究[D]. 厦门：厦门大学，2014.

[91] 王海荣. 中国新能源产业融资生态与融资效率的协同进化研究[D]. 南京：南京航空航天大学，2019.

[92] Hotlling H. The economics of exhaustible resource[J]. Journal of Political Economy，1931，39（2）：137-155.

[93] 马中. 环境经济学[M]. 北京：中国人民大学出版社，1999.

[94] 崔金星. 自然资源保护立法研究[D]. 昆明：昆明理工大学，2005.

[95] 李惠茹，杨丽慧. 京津冀生态环境协同保护：进展、效果与对策[J]. 河北大学学报，2016（41）：66-71.

[96] 张丽丽. 京津冀协同发展中水污染治理现状及对策研究[J]. 中国市场，2017（14）：249-250.

[97] 杨志，牛桂敏. 流域视角下京津冀水污染协同治理路径探析[J]. 人民长江，2019（50）：6-12.

[98] 牛桂敏，郭珉媛，杨志，等. 建立水污染联防联控机制促进京津冀水环境协同治理[J]. 环境保护，2019（47）：64-67.

[99] 杨志云，殷培红. 流域水环境保护执法改革：体制整合、管理变革及若干建议[J]. 行政管理改革，2018（2）38-42.

[100] 黄婧. N 市河长制工作考核优化研究[D]. 福州：福建农林大学，2020.

[101] 丁鑫磊. 京津冀水污染联防联控法律问题研究[D]. 石家庄：河北经贸大学，2020.

[102] 陈阳. 我国跨区域水污染协同治理机制研究——以淮河流域为例[D]. 徐州：江苏师范大学，2017.

[103] 寇大伟，崔建锋. 京津冀雾霾治理的区域联动机制研究——基于府际关系的视角[J]. 华北电力大学学报（社会科学版），2018（5）：21-27.

[104] 马佳腾. 环境正义视角下京津冀横向生态补偿机制研究[D]. 保定：河北大学，2018.

[105] 段铸，刘艳，孙晓然. 京津冀横向生态补偿机制的财政思考[J]. 生态经济，2017（33）：146-150.

[106] 段胜利. 京津冀流域区际生态补偿法律制度研究[D]. 保定：河北大学，2017.

[107] 曾婧婧，胡锦绣. 从政府规制到社会治理：国外环境治理的理论扩展与实践[J]. 生态文明，2016（4）：85-92.

[108] 吴舜泽，秦昌波. 构建多元生态环境治理体系[J]. 社会治理，2018（1）：104-109.

[109] 晏林. 环境保护公众参与的困境及突破[J]. 江西理工大学学报，2017（38）：36-43.

[110] 刘振华. 我国环境问题社会治理的路径选择[J]. 山东农业工程学院学报，2020（37）：70-76.

[111] 李雪梅，排污权交易的法律问题分析与措施探讨[J]. 环境与发展，2019，31（05）：205-206.

[112] 董石桃，艾云杰. 日本水资源管理的运行机制及其借鉴[J]. 中国行政管理，2016(05)：146-151.

[113] 姜亦华，日本的水资源管理及启示[J]. 经济研究导刊，2008（18）：180-183.

[114] 韩瑞光，马欢，袁媛. 法国的水资源管理体系及其经验借鉴[J]. 中国水利，2012（11）：39-42.